ZEITSCHRIFT FÜR ANGEWANDTE GEOLOGIE

XXI. Internationaler Geologenkongreß
Kopenhagen, 15. bis 25. August 1960

HERAUSGEGEBEN VON
DER STAATLICHEN GEOLOGISCHEN KOMMISSION
UND DER ZENTRALEN VORRATSKOMMISSION
DER DEUTSCHEN DEMOKRATISCHEN REPUBLIK

AUS DEM INHALT

AKADEMIE-VERLAG · BERLIN

BAND 6 / HEFT 8
AUGUST 1960
SEITE 361–416

	INHALT	СОДЕРЖАНИЕ	CONTENTS	
	XXI. Internationaler Geologenkongreß in Kopenhagen (15. bis 25. August 1960)	XXI Международный геологический конгресс в Копенгагене (от 15 до 25 августа 1960 года)	XXIst International Geological Congress at Copenhagen (August 15—25, 1960)	361
I. O. Brod	Gesetzmäßigkeiten der Verbreitung der Erdöl- und Erdgasakkumulationen	Закономерности распространения скоплений нефти и газа на земном шаре	Regularities in the Distribution of Petroleum and Natural Gas Accumulations	362
J. A. Bilibin	Zur Gliederung der Erzlagerstätten in Teufenzonen	К вопросу о вертикальной зональности рудных месторождений	Classification of Ore Deposits in Depth Zones	369
D. S. Korshinski	Das Aziditäts-Alkalitäts-Regime und die vertikale Zonarität bei postmagmatischen Prozessen	Режим кислотности-щелочности и вертикальная зональность при постмагматических процессах	Acidity-Alkalinity Regime and Vertical Zonarity in Postmagmatic Processes	373
M. Kraft & G. Tischendorf	Die Ergebnisse von Tiefbohrungen im Freiberger Lagerstättenbezirk	Результаты глубокого бурения в фрайбергском рудном районе	Deep Boring Results in the Freiberg Deposit District	375
G. Seidel	Zur Gliederung des Hauptanhydrits im Thüringer Becken (Vorläufige Mitteilung)	К расчленению главного ангидрита Тюрингского бассейна (Предварительное сообщение)	Main Anhydrite Classification in the Thuringian Basin (Preliminary Communication)	383
A. K. Atjakin	Kernbohrgeräte zur Erforschung der Gasführung in Kohlenflözen bei der Erkundung von Lagerstätten	Колонковые снаряды для изучения газоносности угольных пластов при разведке месторождений	Core Drilling Equipment Used in Deposit Reconnaissance for the Investigation of Gas Bearing Coal Seams	385
J. Pomper & L. Fröhlich	Einsatz der Geoelektrik zur Erkundung glazialdynamisch gestörter Tone	Применение геоэлектрики для разведки гляциально нарушенных глин	The Use of Geoelectrics in the Reconnaissance of Glacial-Dynamically Disturbed Clays	387
R. Hohl & P. Böhme	Zur Methodik der Erkundungsarbeiten für die Baustoffindustrie auf Betriebsebene	Методика разведочных работ для промышленности строительных материалов на заводском уровне	Methodics of Reconnaissance Works Carried out on a Plant Standard in the Building Materials Industry	390
K. P. Unger & D. Rau	Bodenschätzungskarten als Hilfsmittel für die quartärgeologische Neuaufnahme des Thüringer Beckens	Карты оценки грунтов — вспомогательное средство для новой сьемки четвертичных отложений в Тюрингском бассейне	Soil Estimation Maps as an Aid to a New Geological Survey of the Quaternary of the Thuringian Basin	393
R. Ruske & M. Wünsche	Löß und fossile Böden im mittleren Saale- und unteren Unstruttal	Лёсс и ископаемые почвы в среднем течении р. Заале и в нижнем течении р. Унструт (предварительное сообщение)	Loess and Fossil Soils in the Middle Saale and Lower Unstrut Valley (Preliminary Communication)	394
W. Schrön	Anwendung der Dithizonchemie bei der geochemischen Prospektion	Применение дитизонной химии при геохимических поисках	The Use of Dithizone Chemistry in Geochemical Prospecting	395
G. Sager	Der Delta-Plan, das zweite große Vorhaben zur Umgestaltung der Niederlande	План ,,Дельта,, — второй крупный план для преобразования Голландии	The Delta Scheme, Second Large Project for the Reorganization of the Netherlands	397
R. Meinhold	Neue Arbeiten über geochemische Verfahren für die Erdöl- und Erdgaserkundung (Teil 2)	Новые работы о геохимических методах разведки на нефть и газ (часть 2)	New Investigations on Geochemical Methods for the Exploration of Petroleum and Natural Gas (Part 2)	402

Die Zeitschrift für angewandte Geologie berichtet ständig ausführlich über folgende Arbeitsgebiete: Geologische Grundlagenforschung und Lagerstättenforschung / Methodik der geologischen Erkundung / Ökonomie und Planung der geologischen Erkundung / Technik der geologischen Erkundung / Geologie und Lagerstättenkunde im Ausland / Bibliographie, Verordnungen, Richtlinien, Konferenzen, Personalnachrichten

Die Zeitschrift für angewandte Geologie ist kein Organ einer engen Fachgruppe. Auf ihren Seiten können alle strittigen Fragen der praktischen Geologie behandelt werden. Die Autoren übernehmen für ihre Aufsätze die übliche Verantwortung.

ZEITSCHRIFT FÜR ANGEWANDTE GEOLOGIE

CHEFREDAKTEUR: PROF. DR. E. LANGE

BAND 6 · AUGUST · 1960 · HEFT 8

XXI. Internationaler Geologenkongreß in Kopenhagen

(15. bis 25. August 1960)

Für die geologische Wissenschaft ist unter den zahlreichen Tagungen in diesem Jahr eine von ganz besonderer Bedeutung: der XXI. Internationale Geologenkongreß, der nach dem letzten Weltkrieg erstmalig im nördlichen Europa stattfindet. Kopenhagen mit seinen Universitätsinstituten ist das Zentrum dieser umfassenden Veranstaltung, zu der sich bisher mehr als 3500 Geologen aus der ganzen Welt anmeldeten, Wissenschaftler und Praktiker, deren Ziel es ist, die Entstehung und Wandlung unserer Erde zu klären, ihre verborgenen Lagerstätten von Erzen und Kohlen, Salzen, Erdöl und Erdgas, aber auch Grund- und Heilwässer, Mineralien und vieles andere ausfindig und der Wirtschaft nutzbar zu machen. Auch unsere Republik wird durch etwa 80 Teilnehmer vertreten sein. An ihrer Spitze stehen Professoren unserer Hochschulen und namhafte Vertreter der geologischen Praxis und Wissenschaft der Deutschen Demokratischen Republik. Schon diese beachtliche Zahl Delegierter läßt auf die große Bedeutung, die diesem Internationalen Geologenkongreß beigemessen wird, schließen.

Die für die Durchführung des Kongresses verantwortlichen Länder sind Dänemark, Finnland, Island, Norwegen und Schweden, wobei König Frederik IX. von Dänemark das Patronat übernommen hat und die genannten fünf Länder jeweils zwei Minister für das Ehrenkomitee entsenden. Die umfangreichen Vorarbeiten führt das aus 16 Wissenschaftlern der anliegenden Staaten bestehende Organisationskomitee durch, dessen Präsident Prof. Dr. Arne Noe-Nygaard und Generalsekretär Prof. Dr. Theodor Sorgenfrei sind.

Während der in Kopenhagen vom 15. bis 25. August stattfindenden Aussprachen werden zahlreiche Vorträge in 21 Sektionen abgehandelt (bereits im Februar d. J. lagen 460 Manuskripte vor!). In diesen Sektionen werden z. B. geochemische und geophysikalische Probleme, absolute Zeitbestimmungen, Chronologie und Klimatologie des Quartärs und der älteren Formationen, Abgrenzungsfragen in der Stratigraphie, der Stand der mikropaläontologischen Forschung, Erkenntnisse der Erdölgeologie, der Paläogeographie, der untermeerischen Geologie, der Erdkruste und ihrer Tektonik, Lagerstätten- und Gesteinsgenesen und vieles andere mehr diskutiert. Im Rahmen dieses Geologentreffens halten aber auch verschiedene Gesellschaften spezieller Fachrichtungen der Geowissenschaften eigene Sitzungen ab, so die Internationale Paläontologische Vereinigung, die Geochemische Gesellschaft, die Mineralogen und Sedimentpetrographen, die Internationale Vereinigung der Hydrogeologen, die Wirtschaftsgeologen, die Vereinigung Geologischer Dienste Afrikas und andere. Besondere Kommissionen wollen während des Kongresses auch Fragen der Terminologie, des geologischen Kartenwesens in Europa und der Welt, Sonderinteressen einiger Erdteile, Forschungsmethoden, die Meteoriten und anderes mehr besprechen. Schließlich werden während der Tagung in Kopenhagen besondere Ausstellungen von Instrumenten, Kartenwerken, Literatur und Sammlungen stattfinden.

Für die teilnehmenden Geologen sind die mehr als 100 Exkursionen von ganz besonderem Wert, die vor, während und nach den Verhandlungstagen im nordischen Raume von Ende Juli bis Mitte September veranstaltet werden. Außer durch Dänemark führen sie in die verschiedensten Gebiete von Norwegen, Schweden mit Bornholm, Finnland, Island, Spitzbergen und Grönland.

Gerade die Exkursionen vermitteln den Teilnehmern des Kongresses eine Fülle von Eindrücken und Beobachtungen, die durch Vergleichsstudien mit der Geologie des Heimatlandes zu neuen fruchtbringenden Ergebnissen führen. So werden die Wissenschaftler unserer Republik von diesem Kongreß auch Anregungen empfangen, die sie über eigene Forschungen oder in kollektiver Zusammenarbeit mit anderen unserer Wirtschaft zugute kommen lassen.

Dem XXI. Internationalen Geologenkongreß 1960 in Kopenhagen, den gastgebenden Ländern und allen Teilnehmern wünscht unsere Zeitschrift ein recht gutes Gelingen. Mögen die Veranstaltungen und die menschlich-freundschaftlichen Kontakte, die von jeher die Geologen in aller Welt friedvoll miteinander verbinden, zum wissenschaftlichen Meinungsstreit anregen und die Erkenntnisse um das Werden und die Schätze unserer Erde fördern!

Das Redaktionskollegium der Zeitschrift für angewandte Geologie
i. A. Herbert-Lothar Heck

Gesetzmäßigkeiten der Verbreitung der Erdöl- und Erdgasakkumulationen

I. O. BROD, Moskau

Die geschichtliche Entwicklung der Ansichten über die Gesetzmäßigkeiten in der Verbreitung von Erdöl- und Erdgasakkumulationen

Bereits in den frühesten Entwicklungsstadien der Erdöl- und Erdgaswissenschaft erkannte man Gesetzmäßigkeiten, die bei der Verteilung der Anreicherungen dieser nutzbaren Rohstoffe zu beobachten sind. Damit wurde eine Ausscheidung der mehr oder weniger ausgedehnten Erdöl- und Erdgasgebiete notwendig.

Auf Grund des aus dem Südostkaukasus stammenden Materials vertrat im vergangenen Jahrhundert das Akademiemitglied G. U. ABICH (1847, 1876) die Ansicht, daß die Erdöl- und Erdgaslagerstätten regional verteilt sind. Er nahm an, daß Schlammvulkane, die brennbare Gase ausstoßen, sowie die damals bekannten Erdöllagerstätten an Störungszonen gebunden sind.

Auf Grund zutage austretender Erdöl- und Erdgasanzeichen kam man in der Mitte des vorigen Jahrhunderts in Deutschland, Rumänien und in den USA zu der Meinung, daß „Erdöllinien" vorhanden sind. D. I. MENDELEJEW (1877) brachte die zu beobachtende lineare Verbreitung der Erdöl- und Erdgasanzeichen an der Grenze zwischen Gebirgen und Ebenen mit Störungen in der Erdkruste in Verbindung, durch die das Erdöl aus dem Erdinneren hervorquillt, wo sich seiner Meinung nach die Herde für die Erdölbildung befinden.

Versuche, die Erdöl- und Erdgasgebiete nach geographischen Merkmalen einzuteilen, wurden in der zweiten Hälfte des vorigen Jahrhunderts in den USA von A. R. LEEDS (1865) und in Rußland von G. ROMANOWSKI (1877) und S. O. GULISCHAMBAROW (1883) unternommen. In einer Arbeit über die Verteilung der Erdöl- und Erdgaszonen in Rumänien brachte L. MRAZEC (1902) die territoriale Anordnung der Erdöllagerstätten mit den großen stratigraphischen Komplexen und tektonischen Elementen der Karpaten in Verbindung. In Rußland führte das Geologische Komitee regionalgeologische Untersuchungen der Erdöl- und Erdgasgebiete des Kaukasus, Mittelasiens und der Kaspisenke mit der gleichen Zielsetzung durch.

In einem Überblick über die geologischen Besonderheiten der Verbreitung nutzbarer Bodenschätze auf der Erde versuchte DE LAUNEY (1913), einige Grundgesetze in der Verteilung von Erdöl und bituminösen Gesteinen in Verbindung mit geotektonischen Zonen herauszuarbeiten. Er unterschied hierbei Territorien mit hauptsächlich paläozoischer, mesozoischer und tertiärer Erdöl- und Erdgasanhäufung.

In seinen am Leningrader Bergbauinstitut gehaltenen Vorlesungen behandelte K. I. BOGDANOWITSCH (1921) die flächenhafte Verteilung von Erdöl- und Erdgasakkumulationen und die der bituminösen Gesteine. Er brachte ihre Entstehung mit den Hauptepochen der Gebirgsbildung in Verbindung, in denen neue geotektonische Elemente entstanden und bereits bestehende verändert wurden. DE LAUNEY und K. I. BOGDANOWITSCH unterschieden im Gegensatz zu den meisten anderen Forschern nicht einzelne Erdöl- und Erdgasakkumulationen, sondern ausgedehnte Verbreitungsgürtel dieser nutzbaren Bodenschätze.

Die Zugehörigkeit der Erdöl- und Erdgasakkumulationen zu den großen Strukturelementen Nordamerikas wurde in den Jahren 1919—1920 von zahlreichen Geologen hervorgehoben. In dieser Zeit tauchte in der geologischen Literatur der Terminus „erdöl- und erdgasführende Provinz" auf, der z. B. von W. WOODRUFF (1919), C. SCHUCHERT (1919), E. R. LILLEY (1923) und anderen bei der Aufteilung Nordamerikas in mehrere erdöl- und erdgasführende Provinzen nach allgemeingeologischen Merkmalen verwendet wurde.

Die genannten Autoren betrachteten als erdöl- und erdgasführende Provinzen große geologische Gebiete, in denen zahlreiche Erdöl- und Erdgasanreicherungen auftreten. Speziell verstand man unter einer einheitlichen Provinz solche geotektonischen Elemente, wie das gesamte Felsengebirge (die Rocky Mountains), den gesamten Zentralteil der Nordamerikanischen Tafel (Midkontinent) und andere Großelemente. W. A. VER WIEBE (1930) schlug eine detailliertere geologisch-tektonische Aufgliederung vor. Als erdöl- und erdgasführende Provinzen unterschied er einmal große Tafelsenken vom Typ der Kohlenbecken im Zentrum der Nordamerikanischen Tafel und zum anderen flache Aufwölbungen und linear gestreckte große Strukturzonen.

I. M. GUBKIN (1932), der die Verteilung von Erdöl- und Erdgasakkumulationen in größerem Maßstab betrachtete, betonte, daß die Lagerstätten in Randgebieten und in den Einsenkungen von Gebirgsketten sowie in Ebenen, die Sedimente von beträchtlicher Mächtigkeit enthalten, verbreitet sind. Er weist darauf hin, daß bei der Einschätzung der Möglichkeiten einer Erdöl- und Erdgasführung großer Territorien besondere Aufmerksamkeit den Sedimentationsbedingungen gewidmet werden muß.

N. J. USPENSKAJA entwickelte in zahlreichen Arbeiten (1946, 1947, 1952) die früher formulierten Vorstellungen über die Erdöl- und Erdgasprovinzen weiter und baute darauf ihre Klassifikation auf. Ihre Definition lautet:

> „Als Erdöl- und Erdgasprovinz bezeichnet man ein großes Erdöl- und Erdgasakkumulationsgebiet, das einheitlichen geologischen Bau und gleiche geologische Entwicklung aufweist. Die Entwicklung ist durch einheitliche Fazies und Strukturtypen charakterisiert, die Bitumenbildung und Erdölakkumulation bedingen."

Von dieser Definition ausgehend, betrachtete N. J. USPENSKAJA als Erdöl- und Erdgasprovinzen z. B. Senken verschiedenen Alters, ausgedehnte Aufwölbungen, Gruppen von Erhebungen an der Flanke großer Aufwölbungen usw. Auch in einigen weiteren Arbeiten (1944, 1946, 1950, 1951), die sich mit der Systematisierung der Unterlagen über Lagerungsverhältnisse von Erdöl und Erdgas und vor allem mit der Entwicklung der Vorstellungen über die Erdöl- und Erdgasakkumulationszonen beschäftigen, wurden die Klassifikationsprinzipien der Erdöl- und Erdgasprovinzen untersucht und neue Klassifikationsschemata ausgearbeitet.

Obwohl in den von I. M. GUBKIN (1932), F. G. CLAPP (1917, 1930), E. BLUMER (1919) u. a. ausgearbeiteten Klassifikationen der Erdöl- und Erdgasfelder der Begriff einer zonalen Verteilung von Erdöl- und Erdgasakkumulationen nicht klar formuliert wurde, ist er im wesentlichen in den Beschreibungen einzelner Gruppen von Anhäufungen enthalten. Bis in die dreißiger Jahre des 20. Jahrhunderts konzentrierte sich die Forschung im wesentlichen nur auf die Entdeckung einer zonalen Verbindung vieler Erdöl- und Erdgasakkumulationen mit Antiklinalzonen. Im Gegensatz dazu prägte A. I. LEVORSEN (1936) den Begriff der gesetzmäßigen zonalen Verbreitung vieler Erdöl- und Erdgasfallen am Rande großer Verbiegungen der Erdkruste. Er stellte in seinen Untersuchungen dem Strukturprinzip der Fallenbildung die stratigraphischen Verhältnisse gegenüber, die die zonale Verteilung der Fallen bestimmen, die bei der diskordanten Überdeckung oder dem lithologischen Auskeilen der Erdöl- und Erdgasschichten nach oben hin entstehen. Die Bedeutung der stratigraphischen Fallen für die regionale Anhäufung von Erdöl und Erdgas wurde auch in der UdSSR in den Arbeiten von M. F. MIRTSCHINK (1941, 1943) dargestellt.

Die Gliederung der Erdöl- und Erdgaszonen in zwei sich voneinander genetisch unterscheidende Gruppen — strukturelle und stratigraphische Zonen — hat sich bewährt. Die Bezeichnung „Erdöl- und Erdgasakkumulationszone" für Zonen, die zahlreiche Erdöl- und Erdgasanreicherungen aufweisen, wurde von I. O. BROD (1944, 1946, 1951) aufgestellt und ist in der sowjetischen Fachliteratur weitverbreitet (N. J. USPENSKAJA 1946, 1947; A. A. BAKIROW 1948, 1951; M. F. MIRTSCHINK 1941; N. B. WASSOJEWITSCH & W. A. USPENSKIJ 1954; W. E. CHAIN 1954). Man kann als bewiesen annehmen, daß sich die Erdöl- und Erdgasakkumulationen unter den verschiedenartigsten geologischen Verhältnissen entweder in Verbindung mit den großen Strukturzonen oder mit den regionalen Auskeilungszonen oder den Zonen diskordanter Überdeckung mächtiger Schichten gruppieren, die in ihrem Profil gutdurchlässige Gesteine enthalten (stratigraphischer Typ der Erdöl- und Erdgasakkumulation).

Erdöl- und Erdgaseinzugsgebiete für die Antiklinalzonen der Erdöl- und Erdgasakkumulation sind die an sie angrenzenden Synklinalen (I. M. GUBKIN 1950). Demgemäß erfolgt in den Strukturzonen die Versorgung mit Kohlenwasserstoffen gewöhnlich von zwei Seiten. Die Kohlenwasserstoffe steigen in die höchsten Teile der Brachyantiklinalen und Dome der Antiklinalzonen auf und reichern sich in Form von Erdöl- und Erdgaslagern entweder in den Scheiteln der Antiklinalen oder auch in an deren Flanken oder Periklinalen gebundenen Fallen an.

Erdöl- und Erdgaseinzugsgebiete für die Akkumulationszonen vom stratigraphischen Typ, dem zahlreiche Fallen angehören, die auf Homo- oder Monoklinalen in Verbindung mit regionalem lithologischem Auskeilen oder mit einer Diskordanz entstanden, sind die unten an die Flanke angrenzenden Teile der Homo- oder Monoklinalen. Die Kohlenwasserstoffe, die an den regionalen Flanken aufsteigen, reichern sich in einzelnen Fallen von unterschiedlicher Form, die sich am Rande der auskeilenden oder diskordant abgeschnittenen Speichergesteine gruppieren, an.

Wichtig bei der Aufstellung der Gesetzmäßigkeiten in der Verbreitung der Erdöl- und Erdgasanreicherung ist die Frage, wie sich die Erdöl- und Erdgasakkumulationszonen zueinander verhalten und wie sie in der Erdkruste verteilt sind. W. E. PRATT (1942) und G. C. GESTER (1944) zeigten in ihren Arbeiten, daß auf der Erde keine gleichmäßige Verteilung von Erdöl- und Erdgasakkumulationen zu beobachten ist und daß die Hauptvorräte an Erdöl und Erdgas an diejenigen Teile der Erdkruste gebunden sind, die am stärksten gewölbt sind und daher von einer mächtigen Sedimentanhäufung begleitet waren. Ein Schema der erdöl- und erdgasführenden und der höffigen Gebiete der Erde ermöglichte die Formulierung des Grundgesetzes der Erdöl/Erdgasakkumulation (I. O. BROD 1947, 1951). Dieses Gesetz besagt, daß die Erdöl- und Erdgasanhäufung hauptsächlich durch den Grad und die Dauer der Senkung des betreffenden Teils der Erdkruste sowie durch den Grad der Bedeckung der entstehenden Lagerstätten bedingt wird. Die Bitumenbildung und die Erdöl- und Erdgasakkumulation werden immer durch das Vorherrschen der Senkung in den bei großen und kleinen Erdkrustenschwankungen entstehenden Bewegungen begünstigt.

Weiterhin wurde festgestellt, daß alle bekannten Erdöl- und Erdgasakkumulationszonen großen geschlossenen Senkungsgebieten bei der gegenwärtigen Struktur der Erdkruste angehören. Diese Verbreitung hängt mit der Tatsache zusammen, daß alle Erdöl- und Erdgaslagerstätten an lokale Fallen gebunden sind, die kleinere Elemente großer Wasserdruckkomplexe darstellen. Das in den Fallen enthaltene Erdöl und Erdgas befindet sich in der gegebenen Untersuchungsetappe im Gleichgewicht mit dem Wasser, welches die gutdurchlässigen Schichten und Gesteinspakete erfüllt, die natürliche Speicher für bewegliche Stoffe sind.

Folglich muß man die Gesetzmäßigkeiten in den Beziehungen zwischen Wasser, Erdöl und Erdgas getrennt für jeden lithologisch-stratigraphischen Komplex, der als einheitlicher Wasserdruckkomplex betrachtet werden kann, untersuchen. Das Gleichgewicht der Erdöl- und Erdgaslagerstätten in den Wasserdruckkomplexen ist abhängig von ihrem Verhältnis zu Druck und Richtung des Wasserstromes, welches durch die Lage der Versorgungs- und Entspannungsgebiete bestimmt wird. Man kann daher als bewiesen annehmen, daß Bildung und Zerstörung von Erdöl- und Erdgaslagerstätten im wesentlichen von den regionalen hydrogeologischen Verhältnissen abhängen. Das Vorkommen vieler Anreicherungen in den sogenannten Erdöl- und Erdgasakkumulationszonen bei der gegenwärtigen Struktur der Erdkruste gab Anlaß zur Untersuchung ähnlicher Senken, die heute in der Sowjetunion verbreitet durchgeführt wird (I. O. BROD 1953, 1957; W. E. CHAIN 1954; N. B. WASSOJEWITSCH & W. A. USPENSKIJ 1954 und andere).

Jedes erdöl- und erdgasführende Becken ist ein artesisches Becken, zu dem eine ganze Reihe regional erdöl- und erdgasführender Suiten gehört; von diesen stellt jede einen Wasserdruckkomplex dar. Obwohl sich jeder Komplex von dem anderen unterscheidet, sind sie doch, im ganzen gesehen, Elemente eines einzigen artesischen Beckens. Deshalb muß sich die Untersuchung sowohl auf die einzelnen regional erdöl- und erdgasführenden Schichten als auch auf das Becken im ganzen erstrecken.

Die Gesetzmäßigkeiten in der Verbreitung der Erdöl- und Erdgasbecken auf der Erde werden also durch deren Zugehörigkeit zu den großen tektonischen Zonen bestimmt.

Prinzipien der Klassifikation von Erdöl- und Erdgasbecken

Um die Gesetzmäßigkeiten der Erdöl- und Erdgasverbreitung auf der Erde zu ermitteln, wurde der Versuch unternommen, alle bekannten und möglichen Erdöl- und Erdgasbecken festzustellen (I. O. Brod 1953) und sie in eine Karte einzuzeichnen (I. O. Brod 1957), die später auf Grund der Untersuchungsergebnisse über den strukturellen Bau der ausgeschiedenen Erdöl- und Erdgasbecken noch präzisiert werden konnte. Einer vorgeschlagenen Klassifikation der Erdöl- und Erdgasbecken werden sowohl geotektonische (strukturgeologische) Merkmale als auch geomorphologische Merkmale zugrunde gelegt. Besonders letztere sind von großer Bedeutung, weil die Bewegungsrichtung der labilen Stoffe, die die zu den beckenbildenden Sedimentschichten gehörigen Speichergesteinsschichten erfüllen, in vielen Fällen von dem Oberflächenrelief der Senke sowie von ihrer Umrahmung abhängt. Bei der Untersuchung der Erdöl- und Erdgasbecken muß man vor allem beachten, daß eine vergleichende Einschätzung der Perspektiven des in ihnen enthaltenen Erdöls und Erdgases möglich ist. Dabei sind aber alle Veränderungen in Betracht zu ziehen, denen der entsprechende Abschnitt der Erdkruste im Laufe seiner geologischen Entwicklung unterworfen war. Die für die Erdöl- und Erdgasakkumulation günstigsten Beziehungen zwischen den gutdurchlässigen, den Speichergesteinen, und den schwachdurchlässigen, den Pelitgesteinen, lassen sich nur bestimmen, wenn man die Gesetzmäßigkeiten in der Veränderung der Mächtigkeiten und der lithologischen Zusammensetzung der sedimentären Schichten, die das Becken bilden, kennt. Welche Veränderungen sich auch in der geologischen Vergangenheit in den Gebieten, in denen sich heute die bekannten Erdöl- und Erdgasakkumulationen befinden, vollzogen haben mögen, entscheidend für ihr Vorhandensein ist ihre heutige Lage innerhalb der jetzigen Umrisse des als Erdöl- und Erdgasbecken betrachteten Senkungsgebietes. Das kann man daraus schließen, daß die Bildung der einzelnen Anreicherungen während der Umlagerung und Verteilung der beweglichen Stoffe in den gutdurchlässigen Gesteinen, die ihnen als natürliche Speicher dienen, vor sich geht.

Wie bereits gesagt, liegt der Klassifikation der Erdöl- und Erdgasbecken die Verbindung von geomorphologischen und geotektonischen Merkmalen zugrunde. Alle bekannten geschlossenen Senkungsgebiete der Erdkruste kann man in drei Hauptgruppen einteilen.

Zur ersten Gruppe gehören die Becken der Tafelebenen. Die Gruppe vereint in sich ebene Senkungsgebiete, die geotektonisch mit denjenigen Abschnitten der Erdkruste verbunden sind, die die Entwicklungsphase der Tafel durchlaufen haben. Diese Becken sind meistens auf die Flanken von Tafelaufwölbungen sowie auf sich linear erstreckende überdeckte Hebungszonen beschränkt, die die Becken voneinander trennen. Manchmal wird der Rahmen des Beckens auf verhältnismäßig kleinen Abschnitten von eingeebneten prätertiären Gebirgen gebildet, die an der Oberfläche schwach ausgeprägt sind.

Zur zweiten Gruppe der Erdöl- und Erdgasbecken gehören die Senkungsgebiete der Erdkruste in den Vortiefen der Faltengebirge. Die Becken dieser Gruppe werden auf der einen Seite vom Gebirge, auf der anderen Seite von der ebenen Flanke der Tafel begrenzt.

Die dritte Gruppe der Erdöl- und Erdgasbecken umfaßt Zwischengebirgsbecken aller Art, die entsprechend ihrer geotektonischen Lage, ihrem geologischen Bau und ihrer geologischen Entwicklungsgeschichte sehr verschiedenartig sind.

Eine weitere Untergliederung der Becken der ersten beiden Gruppen erfolgt nach altersmäßigen Merkmalen. Die Becken der Tafelebenen werden nach ihrem Alter und dem Bau des Grundgebirges unterteilt, die Becken der Vortiefen nach dem Alter ihrer gefalteten Ränder. Die Unterteilung der Zwischengebirgsbecken wird nach ihrer tektonischen Charakteristik (siehe Tabelle) vorgenommen.

Erdöl- und Erdgasbecken der Tafelebenen

Die Erdöl- und Erdgasbecken der Ebenen vom Tafeltyp haben gewöhnlich eine beträchtliche Größe, und die das Becken bildenden Gesteine zeigen nur eine verhältnismäßig geringe Neigung. Die Erdöl- und Erdgasakkumulationen sind an eine sedimentäre Gesteinsfolge gebunden, die sich im Tafelstadium der Entwicklung des zu untersuchenden Teils der Erdkruste gebildet hat. In den metamorphen oder kristallinen Gesteinen des Grundgebirges der Tafel, die die geosynklinale Entwicklungsphase durchlaufen haben, finden sich Erdöl- und Erdgaslager nur, wenn Kohlenwasserstoffe aus den das Grundgebirge bedeckenden unverfestigten Gesteinen eindringen. Die Bildung von Strukturzonen verschiedener Typen und von einzelnen Erhebungen in der sedimentären Gesteinsfolge ist im wesentlichen mit Differentialbewegungen der Grundgebirgsblöcke verbunden.

Die Erdöl- und Erdgasbecken der Tafelebenen werden in drei Untergruppen eingeteilt:

1. Becken mit präkambrischem Grundgebirge, 2. Becken mit paläozoischem Grundgebirge, 3. Becken mit kompliziert gebautem Grundgebirge verschiedenen Alters (siehe Klassifikationsschema der Becken).

Die Becken der Tafelebenen mit präkambrischem Grundgebirge treten sehr häufig in zentralen Teilen der jetzigen Tafeln auf. Die Mächtigkeit der die Becken füllenden Sedimentfolgen liegt gewöhnlich zwischen 2000—4000 m, und die Erdöl- und Erdgasführung ist im wesentlichen an paläozoische Ablagerungen gebunden.

Die Becken der Tafelebenen mit paläozoischem Grundgebirge sind an die Umrahmungen der alten Tafeln oder an junge, zwischen alten Tafeln liegende Tafeln gebunden. Erdöl- und erdgasführend sind unverfestigte Ablagerungen des Oberen Paläozoikums und des Mesozoikums.

Die Erdöl- und Erdgas-Akkumulationszonen in den Becken der Tafelebenen, die auf präkambrischem und paläozoischem Grundgebirge lagern, kommen besonders häufig vor an Tafelwällen, an mit Strukturterrassen verknüpften Erhebungen sowie in Zonen, in denen die Speichergesteinsfolge auskeilt und auf Homoklinalen diskordant überdeckt wird. Die Erdöl/Erdgas-Akkumulationszonen liegen gewöhnlich an den Rändern der Becken, an den Flanken der inneren Aufwölbungen sowie über verdeckten Gebirgszügen, die den Zentralteil der Becken komplizieren.

Die Becken der Tafelebenen mit kompliziert gebautem Grundgebirge verschiedenen Alters sind häufig an die Randteile der alten Tafeln oder an junge Tafeln gebunden. Die regionalen erdöl- und erdgasführenden Schichtenfolgen in den Becken dieser Untergruppe treten in paläozoischen wie auch mesozoischen, zuweilen

Klassifikationsschema der Erdöl- und Erdgasbecken

(zusammengestellt von I. O. BROD & V. G. LEVINSON 1959)

Erdöl- und Erdgasbecken der Tafelebenen

Erdöl- und Erdgasbecken der Tafelebenen mit präkambrischem Grundgebirge

z. B. Moskauer Becken
Michigan-Becken
Unteres Amazonas-Becken
Westafrikanisches Becken
Westaustralisches Becken

Erdöl- und Erdgasbecken der Tafelebenen mit paläozoischem Grundgebirge

z. B. Englisch-Pariser Becken
Westsibirisches Becken

Erdöl- und Erdgasbecken der Tafelebenen mit kompliziert gebautem Grundgebirge verschiedenen Alters

z. B. Nordkaspisches Becken
Golf-Becken (am Golf von Mexiko)

Erdöl- und Erdgasbecken der Vortiefen

Erdöl- und Erdgasbecken der Vortiefen paläozoischer Faltengebirge, begrenzt durch einen gut ausgeprägten Gebirgsrand

z. B. Petschora-Timan-Becken
Taimyr-Becken
Appalachen-Becken
Südafrikanisches Becken
Mittelaustralisches Becken

Erdöl- und Erdgasbecken der Vortiefen mesozoischer und känozoischer Faltengebirge, begrenzt durch einen gut ausgeprägten Gebirgsrand

z. B. Subalpines Becken
Westschwarzmeer-Becken
Mittelkaspisches Becken
Kara-Kum-Becken
Persischer-Golf-Becken
Lena-Wiljui-Becken
Westkanadisches Becken
Ostvenezuelisches Becken
Arafura-Becken

Erdöl- und Erdgasbecken der Zwischengebirgssenken

Erdöl- und Erdgasbecken der Zwischengebirgssenken, die sich aus Zentralmassiven oder großen Elementen von solchen gebildet haben

z. B. Pannonisches Becken
Norditalienisches Becken
Südkaspisches Becken
Zentraliranisches Becken
Tarim-Becken

Erdöl- und Erdgasbecken der Zwischengebirgssenken, die sich aus einzelnen Senken oder lokalen Gräben gebildet haben

z. B. Mittelrheinisches Becken
Tschuja-Becken
Burmesisches Becken
Japanisches Becken
Rocky Mountains-Becken
Kolumbianisches Becken
Ägyptisches Becken
Neuguineisches Becken

auch in tertiären Ablagerungen auf. In den zentralen Teilen der Becken liegt das Grundgebirge nicht selten in mehr als 10000 m Tiefe. Das stratigraphische Intervall der wirklichen und der möglichen Erdöl- und Erdgasführung ist in den einzelnen Teilen des Beckens verschieden. Akkumulationszonen sind in solchen Becken sehr oft an verschiedenartige strukturelle Komplikationen am Rande dieser Becken sowie an verdeckte Aufwölbungen und Gebirgszüge, die die zentralen Teile der Becken komplizieren, gebunden. In ähnlichen Becken kommen oft Erdöl- und Erdgas-Akkumulationszonen in Verbindung mit Salzdomen vor.

Aus der Karte ist die weite Verbreitung der bekannten Becken der ersten Gruppe in den Tafelgebieten Eurasiens und Nordamerikas ersichtlich. Kleinere Becken von diesem Typ sind in Südamerika und Australien bekannt. In Afrika gehört zu dieser Untergruppe das stark höffige Erdöl/Erdgasbecken der Sahara.

Besondere Bedeutung hinsichtlich der Förderung sowie auch der Vorräte an Erdöl und Erdgas haben die Becken der Tafelebenen mit kompliziert gebautem Grundgebirge verschiedenen Alters. In Nordamerika ist diese Untergruppe durch das Becken am Golf von Mexiko, durch das Permian Basin und das Western Interior Basin vertreten, in Europa durch das Nordkaspische und das Baltische Becken.

Die Erdöl- und Erdgasbecken der Vortiefen

Die Erdöl- und Erdgasbecken der Vortiefen sind durch ihre Asymmetrie charakterisiert, die sich besonders bei der Entstehung des Wasserdruckes zeigt. Sie werden auf der einen Seite von einem schmalen, verhältnismäßig steilen Rand begrenzt, der oft durch vorgeschobene Falten des das Becken abschließenden Gebirges gebildet wird. Der andere Beckenrand ist eben und gewöhnlich mit einer ausgedehnten Tafel-Homoklinale verbunden, die durch Strukturterrassen und flache Tafel-Antiklinalen kompliziert wird.

Im beiliegenden Klassifikationsschema für die Becken der Vortiefen der paläozoischen und mesozoischen Gebirge ist vermerkt, daß zu diesen Becken nur solche gerechnet werden, die einen gut ausgeprägten Gebirgsrand besitzen, der die Druckbildung und die Bewegungsrichtung der unterirdischen Wässer bestimmt. Eine derartige Einschränkung muß deshalb gemacht werden, weil die mesozoischen und vor allem die paläozoischen Faltengebirge oft so sehr eingeebnet sind, so daß sie ihren

Gebirgscharakter verlieren. Den Becken, die sich auf der Basis von Vortiefen eingeebneter Gebirge gebildet haben, fehlt das für die Vortiefen charakteristische Hauptmerkmal, nämlich die Asymmetrie in der morphologischen Ausprägung des Rahmens. Sie werden deshalb zur Gruppe der Becken der Tafelebenen gerechnet. Als Beispiel für ein derartiges Becken kann das Dnjepr-Donez-Becken auf der Russischen Tafel dienen, das die Vortiefe eines paläozoischen Gebirges war, das heute bis auf das Grundgebirge abgetragen ist und im Westen durch das Ukrainische Kristallinmassiv, im Osten durch die vorgeschobenen Falten des Donbass vertreten wird.

In den Gebieten mit größter Einsenkung des Grundgebirges, die gewöhnlich an dem gefalteten Rand des Beckens gelegen sind, erreichen die die Becken der Vortiefen ausfüllenden Schichtenfolgen Mächtigkeiten von 5000—10000 m.

Das Alter der produktiven Schichtenfolgen der Vortiefen der paläozoischen Gebirge ist im wesentlichen paläozoisch, das der mesozoischen Gebirge mesozoisch, das der känozoischen Gebirge tertiär und mesozoisch.

Die Bedingungen für die Bildung und Erhaltung der Erdöl- und Erdgasakkumulationen an den der Tafel zugewandten Beckenrändern der Vortiefen stimmen mit denen überein, die in den Becken der Tafelebenen herrschen.

Eine Reihe von Merkmalen zeigt, daß sich diese Akkumulationszonen entweder in der geosynklinalen Entwicklungsetappe oder nach ihrem Abschluß gebildet haben. In der geosynklinalen Entwicklungsphase erfolgt die Einbettung und Umbildung der organischen Stoffe unter den Bedingungen einer schnellen Ablagerung mächtiger Schichtenfolgen, in denen die terrigenen Komponenten vorherrschen. Die großen Mächtigkeiten und Einsenkungstiefen rufen eine beträchtliche Erhöhung von Temperatur und Druck hervor, wodurch der Zerfall der organischen Stoffe und damit die Bitumenbildung beschleunigt wird. Die große statische Belastung durch die mächtigen Schichtenfolgen und die tektonischen Prozesse erleichtern die Migration der beweglichen Stoffe. Zahlreiche verschieden starke Störungen in den kompakten Gesteinen begünstigen die Migration durch die mächtigen Gesteinsschichten aus dem Speicher heraus. Bei der oft erfolgenden Verlagerung der Gebiete maximaler Einsenkung und der Entstehung neuer Strukturerhebungen und -depressionen verlagern sich auch die Erdöl/Erdgas-Einzugsgebiete. Intensive Wasserzirkulation und intensive Migrationsprozesse bewirken die Zerstörung der früher entstandenen Erdöl- und Erdgaslagerstätten sowie eine Neuverteilung der Kohlenwasserstoffe. Ererbte Erdöl/Erdgas-Akkumulationszonen aus früheren geologischen Epochen fehlen daher.

Die Erdöl/Erdgas-Akkumulationszonen am gefalteten Beckenrand der Vortiefen weisen gewöhnlich deutlich ausgeprägte Strukturen auf und sind an große vorgeschobene Antiklinalen der Falten gebunden. Daneben trifft man auch Zonen von stratigraphischem Typ, deren Entstehung durch das Auskeilen von Speichergesteinsschichten und -paketen oder durch ihre diskordante Überlagerung bedingt ist.

Die Gruppe der Erdöl- und Erdgasbecken der Vortiefen wird in zwei Untergruppen eingeteilt. Die erste umfaßt die Becken der Vortiefen paläozoischer Faltengebirge, die zweite die mesozoischer und känozoischer Faltengebirge.

Die meisten bekannten Becken sind an tiefe känozoische und zum Teil mesozoische Vorgebirgssenken gebunden und weisen entsprechende Sedimentfüllungen auf.

In der östlichen Hemisphäre umrahmen die Gürtel der Vortiefen von Norden und Süden die jungen Gebirge Eurasiens (z. B. im Norden das Aquitanische Becken, das Languedoc-Becken, das Subalpine Becken, das Asow-Kuban-Becken, das Mittelkaspische Becken, das Kara-Kum-Becken, und im Süden das Becken am Persischen Golf, das Pakistanische Becken, das Bengalische Becken und eine Reihe anderer) und in der westlichen Hemisphäre im Osten die Rocky Mountains und die Anden (z. B. in Nordamerika das Westkanadische Becken und das Williston-Becken, in Südamerika das West- und Ostvenezuelische Becken, das Becken des oberen Amazonas, das Paraná-Becken und andere).

Nur sehr wenige Becken kann man zur Untergruppe der Vortiefen paläozoischer Gebirge zählen, da die Mehrzahl der Vortiefen paläozoischer Gebirge in die Reihe der Tafelgebiete eingegangen ist. Dazu gehören z. B. das Petschora-Timan-Becken, das den Nordural säumt, sowie die Appalachen-Vortiefe in den USA; offensichtlich auch das Südafrikanische und das Mittelaustralische Becken, die noch sehr unzureichend erforscht sind.

Die Erdöl- und Erdgasbecken der Zwischengebirgssenken

Die Erdöl- und Erdgasbecken der Zwischengebirgssenken sind von Gebirgen verschiedener Entstehungsweise (von Falten- und von Schollengebirgen) und verschiedenen Alters umgeben. Die Bedingungen für die Sedimentation, für die Bitumenbildung und die Entstehung von Erdöl- und Erdgasanreicherungen in den Randgebieten der erdöl- und erdgasführenden Zwischengebirgsbecken gleichen gewöhnlich denen in den Vortiefen; in den Zentralgebieten jedoch erinnern sie mitunter an die Verhältnisse, die die Becken der Tafelebenen charakterisieren.

Die endgültige Hebung der diese Becken umgebenden Gebirgselemente und die endgültige Senkung der Becken, die ihre Lage im gegenwärtigen Strukturplan bestimmt haben, erfolgte in allen Fällen im Känozoikum. Deshalb liegt der Einteilung der Zwischengebirgsbecken in zwei Untergruppen kein altersmäßiges Merkmal zugrunde, sondern einer ihrer tektonischen Grundzüge, die den inneren Bau bestimmen. Zur ersten Untergruppe gehören die Becken der Zwischengebirgssenken, die sich auf Zentralmassiven oder großen Elementen von solchen gebildet haben; die zweite Untergruppe umfaßt die aus einzelnen Senken oder lokalen Gräben entstandenen Becken.

Mächtigkeit und Alter der die Becken ausfüllenden Schichten wechseln stark, da Tektonik und Entstehungsgeschichte ihrer Umrahmung sehr verschieden sind. Die Becken der ersten Untergruppe sind in Zentral- und Ostasien weitverbreitet, z. B.: das Tarim-Becken, das Tsaidam-Becken, das Szetschuan-Becken, das Ordos-Becken und andere. Im mediterranen Geosynklinalgebiet gehören zu diesen Becken in Europa das Norditalienische, das Pannonische, das Transsylvanische und das Ost-Schwarzmeer-Becken, in Asien das Südkaspische und das Mitteliranische Becken und in Südamerika das an Erdöl und Erdgas äußerst reiche Maracaibo-Becken.

Die Zwischengebirgsbecken der zweiten Untergruppe sind sehr weit verbreitet. In Europa gehören zu dieser

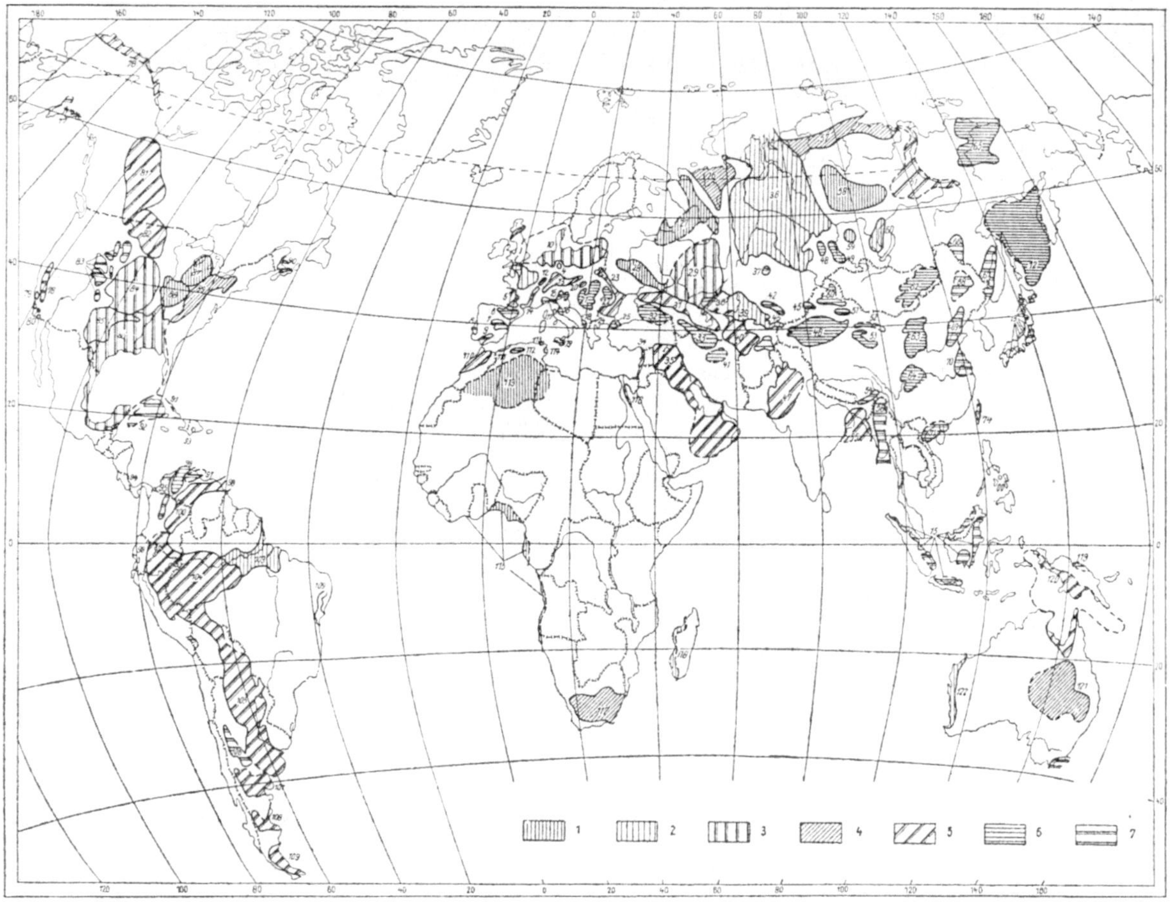

Die Erdöl- und Erdgasbecken der Erde (zusammengestellt von I. O. BROD und V. G. LEVINSON 1959)

Erdöl- und Erdgasbecken

1 — der Tafelebenen mit präkambrischem Grundgebirge; 2 — der Tafelebenen mit paläozoischem Grundgebirge; 3 — der Tafelebenen mit kompliziert gebautem Grundgebirge verschiedenen Alters; 4 — der Vortiefen paläozoischer Faltengebirge, begrenzt durch einen gut ausgeprägten Gebirgsrand; 5 — der Vortiefen mesozoischer Faltengebirge, begrenzt durch einen gut ausgeprägten Gebirgsrand, sowie der Vortiefen känozoischer Faltengebirge; 6 — der Zwischengebirgssenken, die sich auf Zentralmassiven oder großen Elementen von solchen gebildet haben; 7 — der Zwischengebirgssenken, die sich aus einzelnen Senken oder lokalen Gräben gebildet haben

Namen der einzelnen Becken

Europa: 1 — Schottisches Becken, 2 — Westenglisches Becken, 3 — Englisch-Pariser Becken, 4 — Liman-Becken, 5 — Aquitanisches Becken, 6 — Ebro-Becken, 7 — Neukastilisches Becken, 8 — Portugiesisches Becken, 9 — Guadalquivir-Becken, 10 — Baltisches Becken, 11 — Thüringisches Becken, 12 — Mittelrheinisches-Becken, 13 — Subalpines Becken, 14 — Languedoc-Becken, 15 — Norditalienisches Becken, 16 — Ostitalienisches Becken, 17 — Vale-Latina-Becken, 18 — Albanisches Becken, 19 — Sizilianisches Becken, 20 — Wiener (einschließlich Mährisches) Becken, 21 — Pannonisches Becken, 22 — Transsylvanisches Becken, 23 — Subkarpatisches Becken, 24 — Westschwarzmeer-Becken, 25 — Thrakisches Becken, 26 — Petschora-Timan-Becken, 27 — Moskauer und Mazen-Kama-Becken, 28 — Dnjepr-Donez-Becken, 29 — Nordkaspisches Becken, 30 — Asow-Kuban-Becken, 31 — Mittelkaspisches Becken, 32 — Ostschwarzmeer-Becken, 33 — Südkaspisches Becken. Asien: 34 — Ostmediterranes Becken, 35 — Persischer-Golf-Becken, 36 — Westsibirisches Becken, 37 — Tengusisches Becken, 38 — Ust-Urt-Becken, 39 — Kysylkum-Becken, 40 — Kara-Kum-Becken, 41 — Zentraliranisches Becken, 42 — Tschuja-Becken, 43 — Ferghana-Becken, 44 — Tadshikisches Becken, 45 — Ili-Becken, 46 — Tarim-Becken, 47 — Pakistanisches Becken, 48 — Kusnetzker Becken, 49 — Minusinsker Becken, 50 — Dsungarisches Becken, 51 — Turfan-Becken, 52 — Vor-Nanschan-Becken, 53 — Tsaidam-Becken, 54 — Assam-Becken, 55 — Bengalisches Becken, 56 — Burmesisches Becken, 57 — Taimyr-Becken, 58 — Tunguska-Becken, 59 — Rybinsker Becken, 60 — Irkutsker Becken, 61 — Lena-Wiljui-Becken, 62 — Ostgobi-Becken, 63 — Ordos-(Shensi-)Becken, 64 — Szetschuan-Becken, 65 — Kolyma-Becken, 66 — Zeja-Bureja-Becken, 67 — Dreistrom-Becken, 68 — Sungliao-Becken, 69 — Haihuang-Becken, 70 — Jangtse-Becken, 71 — Tongking-Becken, 72 — Fernost-Becken, 73 — Japanisches Becken, 74 — Taiwan-Becken, 75 — Indonesisches Becken. Nord- und Mittelamerika: 76 — Nordalaska-Becken, 77 — Südalaska-Becken, 78 — San Joaquin-Becken, 79 — Cuyama-Becken, 80 — Westkalifornisches Becken, 81 — Westkanadisches Becken, 82 — Williston-Becken, 83 — Rocky Mountains-Becken, 84 — westl. inneramerikanisches Becken, 85 — Permisches Becken, 86 — Golf-Becken, 87 — Michigan-Becken, 88 — östl. inneramerikanisches (Illinois-) Becken, 89 — Appalachen-Becken, 90 — Ostkanadisches Becken, 91 — Nordkuba-Becken, 92 — Südkuba-Becken, 93 — Haiti-Becken, 94 — Panama-Becken. Südamerika: 95 — Kolumbianisches Becken, 96 — Maracaibo-Becken, 97 — Tocuyo-Becken, 98 — Guayaquil-Becken, 99 — Ostvenezuelisches Becken, 100 — Westvenezuelisches Becken, 101 — Ober-Amazonas-Becken, 102 — Titicaca-Becken, 103 — Unter-Amazonas-Becken, 104 — Ostbrasilianisches Becken, 105 — Paraná-Becken, 106 — Mendoza-Becken, 107 — Neuquén-Becken, 108 — Patagonisches Becken, 109 — Südliches Subandines Becken. Afrika: 110 — Westmarokkanisches Becken, 111 — Nordalgerisches Becken, 112 — Mittelalgerisches Becken, 113 — Sahara-Becken, 114 — Tunesisches Becken, 115 — Westafrikanisches Becken, 116 — Ägyptisches Becken, 117 — Südafrikanisches Becken, 118 — Madagaskar-Becken. Australien und Ozeanien: 119 — Neuguinea-Becken, 120 — Arafura-Becken, 121 — Mittelaustralisches Becken, 122 — Westaustralisches Becken, 123 — Südaustralisches Becken, 124 — Neukaledonisches Becken, 125 — Neuseeländisches Becken

Untergruppe das Mittelrhein-Becken und das Wiener Becken. In Asien entstanden in Verbindung mit einer allgemeinen groben Hebung, die die Bildung riesiger Schollengebirge bewirkte, solche Becken wie das Tschuja-Becken, das Ili-Becken, das Tadshikische Becken, das Turfan-Becken, das Vor-Nanschan-Becken und andere. In Nordamerika findet sich ein Gürtel derartiger Becken in den Rocky Mountains. In den Anden Südamerikas gehören dazu das Kolumbianische und das Titicaca-Becken. Die Kordilleren Nord- und Südamerikas werden — wie gesagt — im Osten von Gürteln von Vortiefen begleitet. Im Westen werden sie durch einen mehr intermittierenden, aber doch gut zu verfolgenden Gürtel von Zwischengebirgsbecken begrenzt, die sich auf einzelnen Senken gebildet haben. Dieser Gürtel, der an eine sich längs des Stillen Ozeans erstreckende Störungszone der Erdkruste gebunden ist, wird in Nordamerika durch die Becken von Südalaska und Westkalifornien, in Südamerika durch das Becken von Guayaquil gebildet.

Schlußbemerkung

Auf der beigefügten Karte wurde unter Benutzung der erläuterten Klassifikation der Versuch unternommen, alle wesentlichen bekannten und möglichen Erdöl- und Erdgasbecken der Erde auszuscheiden. Entsprechend der aufgestellten Klassifikation wurden alle Becken in drei Hauptgruppen und diese wiederum in Untergruppen untergliedert.

Aus der Karte ist die gesetzmäßige Verteilung der Becken in Verbindung mit den großen geotektonischen Elementen der Erdkruste ersichtlich. Da die geotektonischen Hauptelemente im Relief der Erdoberfläche nicht gleich stark ausgeprägt sind, vereinigt ein und derselbe geotektonische Gürtel manchmal Becken verschiedener Gruppen. Die Hauptaufgabe der durchgeführten Untersuchungen bestand in der Systematisierung der geologischen Angaben, die die geotektonische Charakteristik der Erdöl- und Erdgasgebiete der Erde wiedergeben.

Weitere Untersuchungsergebnisse werden sicherlich eine Überprüfung und Präzisierung der Angaben über Ausmaße, Charakteristik und klassifikationsmäßige Zugehörigkeit der einzelnen Becken — insbesondere der wenig erforschten — bedingen.

Die durchgeführte Einteilung vermittelt eine sehr genaue Vorstellung, sowohl von der gesetzmäßigen Bindung der Erdöl- und Erdgasansammlungen an große, geschlossene, von mächtigen Sedimentgesteinsfolgen ausgefüllte Gebiete der Erdkruste als auch von der gesetzmäßigen Verbreitung der Erdöl- und Erdgasbecken in Verbindung mit den großen geotektonischen Elementen der Erdkruste.

Zusammenfassung

Auf einer Karte wird die gesetzmäßige Abhängigkeit der höffigen Erdöl- und Erdgasbecken von den großtektonischen Elementen der Erdkruste dargestellt. Die durchgeführte Klassifizierung erleichtert die Erkenntnis der gesetzmäßigen Zusammenhänge zwischen den Erdöl- und Erdgasakkumulationen und den mit mächtigen Sedimentschichten ausgefüllten geotektonischen Becken.

Резюме

На карте изображается закономерная зависимость промышленно-нефтегазоносных и перспективных бассейнов от регинальнотектонических элементов земной коры. Проведенная классификация облегчает познание закономерной связи между нефтяными и газовыми скоплениями и геотектоническими бассейнами, заполненными мощными осадочными толщами.

Summary

Regularities found in the dependence of oil and gas basins and future possible basins on large-scale tectonic elements of the earth's crust are represented on a map. The classification set up by the author provides facilities in understanding natural relations existing between oil and gas accumulations on one hand, and geotectonic basins filled with thick sedimentary series on the other.

Literatur

ABICH, G. U.: Über die Quellen von brennbarem Gas bei Baku und über die Veränderungen des Wasserhorizontes im Kaspischen Meer. — Gornij journal, **3** (1847).
— Kurzer Überblick über die Struktur der Halbinsel Apscheron, Westkaukasus. — ORTO, Buch IX, 2. Ausg., Tiflis 1876.
BAKIROW, A. A.: Probleme der Erdöl- und Erdgasführung in den Zentralgebieten der Russischen Tafel vom Standpunkt der Lehre I. M. GUBKINS. — Sammelband zum Gedenken an Akademiemitglied I. M. GUBKIN, Gostoptechisdat, 1948.
BAKIROW, A. A. & M. F. MIRTSCHINK: Über die geotektonische Entwicklung der Russischen Tafel in Verbindung mit dem Studium ihrer Erdöl- und Erdgasführung. — Neftj. chos., Nr. 1, 1951.
BEMMELEN, R. W. VAN: The Geology of Indonesia. — The Hague 1949.
BLUMER, E.: Entwurf einer Übersicht der Erdöllagerstätten. — Vierteljahresschrift der Nat. Ges. Zürich, **64** (1919).
BOGDANOWITSCH, K. I.: Abriß der Lagerstätten von Erdöl und anderen Bitumina. — Vortragsreihe über Lagerstätten nutzbarer Bodenschätze. Oberster Volkswirtschaftsrat, RIO, Redaktionelle Serie „Erdöl- und Schieferwirtschaft", II, Teil I, 1921.
BROD, I. O.: Fragen der geologischen Terminologie in Verbindung mit der Klassifikation der Erdöl- und Erdgaslagerstätten. — Sowjetskaja Geologija, Sammelband Nr. 9, 1944; Bull. A. A. R. S. Nr. 12, 1945.
— Über die Prinzipien der gebietsweisen Einteilung der erdöl- und erdgasführenden Territorien. — Ber. Akad. Wiss. UdSSR, **52**, Nr. 5 (1946).
— Über die Grundbedingungen der Erdöl- und Erdgasakkumulation. — Ber. Akad. Wiss. UdSSR, **57**, Nr. 6 (1947).
— Erdöl- und Erdgaslagerstätten. — Gostoptechisdat, 1951.
— Erdöl- und Erdgasbecken und Erdöl- und Erdgas-Akkumulationszonen. — X. Kapitel aus: „Grundlagen der Erdöl- und Erdgasgeologie" von I. O. BROD & N. A. JEREMENKO. Moskauer Staatl. Universität, 2. Aufl., 1953.
— Prinzipien der Klassifikation von Erdöl- und Erdgasanreicherungen (Lager, Lagerstätten und Erdöl-Erdgas-Akkumulationszonen). — Vortrag auf der XX. Tagung des Internationalen Geologenkongresses, Mexiko, September 1956. Materialien zur Erdölgeologie, I. Gostoptechisdat, Moskau 1957 (a).
— Karte der Erdöl- und Erdgasbecken der Erde. — Veröffentl. in: Grundlagen der Erdöl- und Erdgasgeologie von I. O. BROD & N. A. JEREMENKO, 3. Aufl., Moskau 1957 (b), und Ausg. in polnischer Sprache, Warschau 1957 (c).
BROD, I. O. & N. A. JEREMENKO: Der Begriff der erdöl- und erdgasführenden Provinzen und der Erdöl- und Erdgas-Akkumulationszonen. — IX. Kapitel aus: Grundlagen der Erdöl- und Erdgasgeologie, 1. Aufl., 1950.
CHAIN, W. E.: Geotektonische Grundlagen der Prospektionsarbeiten auf Erdgas. — Asnefteisdat, 1954.
CLAPP, F. G.: A proposed classification of petroleum and natural gas fields. — Econ. Geol., **5** (1910); Bull. Geol. Soc. America, **28** (1917).
— Role of geologic structure in the accumulation of petroleum, Structure of typical American oil fields. — Bull. Amer. Assoc. Petrol. Geol., **2** (1929); Panamer. Geol., **53** (1930).
GESTER, G. C.: World Petroleum Reserves and Petroleum Statistics. — Bull. A. A. P. G., **28**, Nr. 10 (1944).
GUBKIN, I. M.: Lehre vom Erdöl. — 1. Aufl., 1932.
— Gesammelte Werke, Bd. 1, Ausg. Akad. Wiss. UdSSR, 1950.
GULISCHAMBAROW, S. O.: Die geographische Verbreitung des Erdöls auf der Erde. — Kaukasus, Nr. 183, 1883.
DE LAUNEY, L.: Traité de métallogénie. — Gites minéraux et métallifères, Paris 1913.
LEEDS, A. R.: The Geography and Geology of Petroleum. — Franklin Inst. (3), **49**, 5, 347—356 (1865).
LEVORSEN, A. I.: Stratigraphic versus structural accumulation. — Bull. A. A. P. G., Nr. 5, 1936.
— Geology of Petroleum. — 1956.
LILLEY, E.: Die Erdölprovinzen der Vereinigten Staaten. — „Erdöl- und Schieferwirtschaft" (russ.), Nr. 2, Referat 1119, 1924.
LILLEY, E. R.: Petroliferous provinces. — Eng. Min. J., 11/VII, 1923.
MENDELEJEW, D. I.: Über die Entstehung des Erdöls. — Z. russ. chem. Ges., IX, Abt. 1 (1877).
MIRTSCHINK, M. F.: Stratigraphische Lager in Aserbaidschan. — „Aserbaidschanische Erdölwirtschaft" (russ.), Nr. 3, 1941.
— Stratigraphische Erdöllagerstätten. — Asnefteisdat, Moskau-Baku 1943.
MRAZEC, L.: Distribution geologique des zones pétrolifères en Roumanie. Bucarest, „Emunescu", 1902. — Rapport présenté à M. le Ministre des Domaines d'Agriculture, de l'Industrie et Commerce. Extr. du Moniteur des interests petrolifères Roumains, XII, Nr. 5, S. 10 (1902).
PRATT, W. E.: Oil in the earth: four lectures delivered before the students of the Dept. of Geology. — Univ. of Kansas, 1942.
REED, F. R. C.: The Geology of the British Empire. — London 1949.
ROMANOWSKI, G.: Über die geologischen Bedingungen von Erdöllagerstätten im allgemeinen. — Nachr. miner. Ges., 2. Serie, **13** (1877).
SCHUCHERT, C.: Petroliferous provinces. — Bull. A. I. M. M. E., Nr. 155, 1919.
USPENSKAJA, N. J.: Die Typen der erdöl- und erdgasführenden Provinzen. — Mitt. der Moskauer Staatl. Univ., Nr. 2, 1946.
— Über die Klassifikationsprinzipien erdöl- und erdgasführender Provinzen. — Arbeiten des Moskauer Erdölinstituts, Ausgabe 5, 1947.
— Einige Gesetzmäßigkeiten der Erdöl- und Erdgasakkumulation in Tafelgebieten. — Gostoptechisdat, 1952.
VER WIEBE, W. A.: North American and Middle East oil fields. — 1930.
WASSOJEWITSCH, N. B. & W. A. USPENSKI: Handbuch des Erdölgeländegeologen, Bd. II, Kapitel „Geologie des Erdöls". — Gostoptechisdat, 1954.
WOODRUFF, W.: Petroliferous provinces. — Bull. Am. Inst. Min. Met. Eng., Nr. 150, 1919.
Autorenkollektiv: Habitat of Oil. — Herausgeber: L. G. WEEKS, Bull. A. A. P. G., 1958.
— Handbook of South American Geology. — Herausgeber: W. F. JENKS, 1956.
— IV. Internationaler Erdölkongreß. — Bd. I, „Geologie der Erdöl- und Erdgaslagerstätten". Übersetzung unter der Redaktion von A. A. TROFIMUK. Gostoptechisdat, 1956.
— XVIII. Internationaler Geologenkongreß. — Proceedings of Section E. Geology of Petroleum, London 1950.
— XIX. Internationaler Geologenkongreß. — Comptes Rendus de la Dix-Neuvième Session, Algier 1952. Section XIV, fascicule XVI. Les champs des pétrole des régions mesogéennes. Algier 1953.
— XX. Internationaler Geologenkongreß. — Symposium sobre yacimientes de petrole y gas. Herausgeber: E. J. GUZMAN, Tome I—V, 1956.
— Possible Future Oil Provinces of North America. — Herausgeber: M. W. BALL, A. A. P. G., **35**, February 1951.
— The Science of Petroleum, **6**, part I. The World's Oil Fields. The Eastern hemisphere. Herausgeber: V. C. ILLING, 1953.
— World Geography of Petroleum. Herausgeber: W. E. PRATT & J. GOOD, 1950.
— III. Welterdölkongreß, Den Haag. — Proceedings, Sect. 1. Geol. Geophys., 1951.

Zur Gliederung der Erzlagerstätten in Teufenzonen[1)]

J. A. BILIBIN, Moskau

Akademiemitglied S. S. SMIRNOW (1937) kritisierte das zonale Schema von W. H. EMMONS (1924) und stellte diesem seine Vorstellungen vom Pulsationscharakter der Zonengliederung im Zusammenhang mit Intrusionen verschiedenen Charakters gegenüber. Die Ansichten S. S. SMIRNOWS wurden von den sowjetischen Geologen weitestgehend anerkannt und vor allem von F. I. WOLFSON & W. A. NJEWSKIJ (1949) sowie von A. W. KOROLJOW (1949) weiterentwickelt und ergänzt. Da sich seitdem viel neues Untersuchungsmaterial angesammelt hat, sind nunmehr neben einer Überprüfung der Anschauungen S. S. SMIRNOWS einige grundlegende Ergänzungen dringend nötig.

Das Schema von EMMONS basiert auf dessen metaphysischen Vorstellungen von einer universellen Erzführung und den unveränderlichen Eigenschaften der Batholithen, sowohl zeitlich als auch im Verlauf der geologischen Entwicklung der Erdkruste. Bei seiner Abkühlung und Kristallisation sondert der Batholith nach EMMONS einmalig eine universelle erzhaltige Lösung ab, die alle möglichen Elemente postmagmatischer Lagerstätten enthält. Beim Aufstieg setzen sich aus dieser Lösung im Hangenden und seitlich des Batholithen die metallischen Komponenten in der umgekehrten Reihenfolge ihrer Löslichkeit ab. So entsteht um den Batholithen ein geschlossener, rein entfernungsmäßig in Zonen verschiedener Vererzung gegliederter Bereich von etwa kuppelförmigem Umriß. Im Schnitt mit der Erdoberfläche ist eine horizontale und im Streichen jedes einzelnen Erzganges eine vertikale Zonengliederung sichtbar. EMMONS hat die Einheit von horizontaler und vertikaler Zonengliederung besonders hervorgehoben, obwohl vor allem Beobachtungen über die vertikale Zonierung die Grundlage seines Schemas bildeten.

Der grundlegende methodische Fehler von EMMONS besteht darin, daß er die Erscheinungen der Zonengliederung, die von ihm im Zusammenhang mit Intrusionen verschiedenen Charakters und unterschiedlicher Erzführung beobachtet wurden und den verschiedenen Etappen der Entwicklung von Faltengebieten entsprechen, in ein einziges System der Zonalität zusammenfaßte, indem er sie mit seinem Universalbatholithen in Beziehung brachte. SMIRNOW hatte daher recht, als er sagte: ,,Die Reihe von EMMONS ist im Grunde ein Konglomerat einiger Reihen, die den hauptsächlichen Typen der mannigfachen Intrusionen entsprechen.“ (SMIRNOW 1955, S. 16.) Die Vorstellungen SMIRNOWS über Intrusionen mit spezifischer Erzführung stimmen wesentlich besser als der Universalbatholith mit den in der Natur beoabachteten Zusammenhängen überein. Die Gesetzmäßigkeiten der zeitlichen Folge der Intrusionen mit spezifischer Erzführung sowie ihre Beziehung zur geologischen Entwicklung der Faltengürtel wurden von Mitarbeitern des Geologischen Allunionsinstituts (WSEGEI) in Leningrad erfolgreich untersucht.

Den Vorstellungen von EMMONS über die einmalige Absonderung einer universellen erzhaltigen Lösung stellte SMIRNOW seine Auffassung vom Pulsationscharakter der Abscheidung einzelner Lösungsanteile gegenüber, deren Inhalt eine bestimmte Entwicklung durchmacht. Diese Erzlösungen führen, indem sie die um den Intrusivkörper entstehenden Spaltensysteme ausfüllen, zu der Zonengliederung. SMIRNOW unterschied dabei eine horizontale und eine vertikale Gliederung in Zonen und stellte fest, daß in der Natur vor allem die horizontale Zonenanordnung auftritt.

Einige Tatsachen wurden aber sowohl im Schema von EMMONS als auch in dem von SMIRNOW nicht genügend berücksichtigt. EMMONS erinnert nur beiläufig an die Möglichkeit einer umgekehrten Zonengliederung, gibt für sie jedoch nicht die nötige Erklärung. Dies überrascht nicht, da sich die Erscheinungen der umgekehrten Zonengliederung keineswegs in das Schema der rein geothermischen Zonenbildung von EMMONS einfügen lassen. Er vermerkt lediglich, daß die ,,umgekehrte Absatzfolge in bezug auf die Reihe der Gänge wesentlich seltener anzutreffen ist. Nur selten findet man z. B. nach der Tiefe zu allmähliche Übergänge von großen, gut abgegrenzten Zinnerzsäulen in Kupfererz oder von Zinkerzvorkommen in Bleierze vor.“ Wir weisen ferner darauf hin, daß der Übergang von einem Erz zum anderen nach den Vorstellungen von EMMONS nur allmählich sein kann, da EMMONS nach Möglichkeit die Frage der nachfolgenden Mineralgenerationen im Dunkeln läßt, während SMIRNOW auf diese Frage großes Gewicht legt. Nach SMIRNOW sind ,,die Übergänge der einen Zone in die andere in der Vertikalen wie auch in der Horizontalen . . . in den Bereichen derselben Lagerstätte ausgesprochen selten“. Weiterhin konstatiert SMIRNOW (1955, S. 137), ,,daß wir bei der Erkundung und Ausbeutung von Lagerstätten nach der Teufe und Erstreckung im Bereich einer Zone der EMMONSschen Reihe verbleiben. Zwar nimmt häufig in Blei-Zink-Lagerstätten der Bleigehalt nach der Teufe ab, und der Zinkgehalt wächst, doch im allgemeinen erfährt der Lagerstättentyp prinzipiell keine Veränderung.“ Hierbei beachtet aber SMIRNOW nicht die Tatsache, daß sogar im Bereich einer einzigen EMMONSschen Zone die Zonengliederungserscheinungen beobachtet werden können, die für die Einschätzung der Lagerstätte in der Teufe grundlegend sind. ,,Besonders oft“, schreibt er, ,,keilen die Lagerstätten in der Teufe aus oder verarmen. Der Erzkörper verkleinert sich, auch zerfällt er in kleinere Massen, oder es vermindert sich, was oft vorkommt, der Anteil der wertvollen Komponente zugunsten des Anteils nutzloser Mineralien, vor allem des Quarzes.“ Da SMIRNOW aus dieser letzten Feststellung keine weiteren Folgerungen zieht, wurden in seinen Auffassungen die Veränderungen der primären Vererzung mit der Teufe und teilweise auch diejenigen im Bereich nur einer Erzgeneration nicht genügend berücksichtigt; die Erscheinungen der umgekehrten Zonierung werden sogar überhaupt nicht erwähnt.

Somit hält SMIRNOW die zeitliche Veränderung der Zusammensetzung der einzelnen Anteile der Erzlösungen für den hauptsächlichen Faktor bei der Entstehung der Primärzonenbildung. Die Faktoren, die diese oder jene Zonengliederung begünstigen, seien dagegen das Vorhandensein von Geoisothermen um das erkaltende Intrusiv, die Spaltenbildung in Abhängigkeit von der Entfernung zum Pluton sowie die Unterschiede im Charakter der Lösungen (die frühen sauer, die späten basisch),

[1)] Aus: J. A. BILIBIN, Gesammelte Werke, Band II, S. 419–425, Moskau 1959. Übers.: BACH da sie die verschiedenen Entfernungen für den Transport von der magmatischen Primärquelle festlegen.

Die Anschauungen SMIRNOWs wurden von den Repräsentanten der strukturellen Richtung der sowjetischen Erzschule (A. W. KOROLJOW, F. I. WOLFSON, W. A. NJEWSKIJ) weiterentwickelt, die unter den die Zonenbildung begünstigenden Faktoren den strukturellen besonders hervorhoben. Jedoch wurde diesem Umstand nicht selten ein derart entscheidendes Gewicht beigemessen, daß ihre Auffassungen ernstliche Einwände zur Folge hatten und nicht genügend Anerkennung fanden. Man muß jedoch feststellen, daß in diesen Ansichten die Erscheinungen der vertikalen, teilweise auch die der umgekehrten vertikalen Zonengliederung wesentlich mehr Berücksichtigung fanden als in den Vorstellungen SMIRNOWs. Von diesen Autoren wurde angenommen, daß eine Spalte, die von einer frühen Erzgeneration ausgefüllt wird, sich dann im weiteren Verlauf sowohl aufwärts wie abwärts entwickeln kann, wobei sich im ersten Falle die direkte (normal folgerichtige — D. Red.), im anderen die umgekehrte pulsative Zonengliederung ergibt. Zum Teil bezog sich A. W. KOROLJOW auf Erscheinungen der umgekehrten Zonenbildung, die von A. A. AMIRASLANOW für kiesige Lagerstätten (Ablösung des Schwefelkieses in der Tiefe durch Kupfererze) und von B. L. BASKIN für Lagerstätten der seltenen Elemente (hochtemperierte Erze mit vergreistem Salband werden in geringer Tiefe von späteren sulfidischen Erzen abgelöst) beschrieben worden sind. Jedoch betonten alle diese Forscher, daß die Erscheinungen der umgekehrten Zonengliederung Ausnahmen sind. Die Frage einer vertikalen Zonengliederung im Bereich einer erzablagernden Generation wurde von ihnen nicht berücksichtigt.

Während der Jahre 1949 und 1950 wurden nun eine Reihe Beobachtungen gemacht, die zu einer in mancher Hinsicht neuen Betrachtungsweise der Erscheinungen der umgekehrten Zonengliederung nötigen. Von N. A. CHRUSCHTSCHOW wurden ausnehmend interessante Beobachtungen über die umgekehrte vertikale Zonengliederung in einigen Erzlagerstätten verschiedener Regionen gemacht. Im Unterschied zu früheren Vorstellungen von der allmählichen Ablösung der tieftemperierten Quarzgenerationen durch hochtemperierte nach der Teufe hatte CHRUSCHTSCHOW in einer Anzahl von Lagerstätten genau das entgegengesetzte Bild festgestellt: die Ablösung hochtemperierten Quarzes, der vererzt ist, durch jüngeren, niedriger temperierten, disperse Erzmineralien führenden Quarz, der in einer noch tieferen Zone in jüngsten und tiefsttemperierten Quarz mit Chalcedon und Karbonaten übergeht. Somit erweist sich die Zonengliederung in den von CHRUSCHTSCHOW beschriebenen Fällen in vollem Einklang mit den Vorstellungen SMIRNOWs als pulsativ, jedoch als nicht direkt, sondern als umgekehrt pulsativ. Es ist klar, welche große Bedeutung diese Beobachtungen für die richtige Einschätzung der Erzlagerstätten in der Teufe haben. Wenn bisher die Lagerstätten mit an der Erdoberfläche ausstreichendem höchsttemperiertem Quarz hinsichtlich der Tiefe für wenig versprechend galten, so brauchen sie im Lichte der Beobachtungen CHRUSCHTSCHOWs diesen nur im allerobersten Stockwerk zu enthalten.

Analoge Beobachtungen wurden vom Autor im Jahre 1949 in einigen sulfidisch-kassiteritischen Lagerstätten gemacht. Eine davon zeigte nach unten die Verdrängung der hochtemperierten sulfidisch-kassiteritischen Erze früher Generationen durch tiefertemperierte und jüngere karbonatisch-kassiteritische Erze. In einer anderen Lagerstätte wurden hochtemperierte Zinnerze der Turmalin-Quarz-Gangart in den oberen Horizonten durch Adern sulfidischer, Arsenopyrit, Sphalerit und Galenit führender Erze geschnitten, die schließlich in der Tiefe völlig die Quarz-Turmalin-Erze verdrängen. Die umgekehrte pulsative Zonengliederung wurde vom Autor 1950 auch in einigen Blei-Zink-Lagerstätten beobachtet, jedoch erwies sich das Bild der Zonengliederung als viel komplizierter; es wird nachstehend von uns analysiert.

Alle diese neuen Beobachtungen von der umgekehrten pulsativen Zonengliederung und von schon früher bekannten Fällen derselben überzeugen uns, daß diese durchaus nicht eine so seltene Erscheinung darstellt, wie bis jetzt angenommen wurde. EMMONS erwähnt diese Erscheinung nur nebenbei als eine schwer zu deutende Ausnahme, SMIRNOW berührt sie gar nicht. KOROLJOW, WOLFSON und NJEWSKIJ halten sie gleichfalls für einen reichlich seltenen Fall. Im Lichte der obenbeschriebenen Beobachtungen halten wir jedoch die Zeit für gekommen, eine Umstellung unserer Ansichten über die Verbreitung und das Auftreten der direkten und der umgekehrten pulsativen Zonenbildung vorzunehmen, wie auch eine Überprüfung von Lagerstätten, die nach den Vorstellungen a priori über die direkte pulsative Zonengliederung in der Tiefe als nicht höffig bezeichnet wurden. Es ist klar, wie wichtig und entscheidend eine derartige Einschätzung für das Auffinden von höher- oder tiefertemperierten Erzgenerationen in der Tiefe ist.

In den im Sommer 1950 besichtigten Pb-Zn-Lagerstätten richtete der Autor sein Augenmerk auf eine längst bekannte Tatsache, die allerdings in den letzten Jahren etwas im Hintergrund blieb: der Übergang der Bleierze in der Tiefe vorwiegend in Zinkerze. Die Versuche, dieses Phänomen aus der Perspektive der Pulsationstheorie SMIRNOWs zu erklären, blieben erfolglos. Der Galenit weist zwar im Vergleich zum Sphalerit in einer Reihe von Fällen Anzeichen einer späteren Abscheidung aus der Lösung auf, jedoch ist es die gleiche Lösung, aus der sich auch die Zinkblende abgesetzt hat. Es gibt buchstäblich keine Hinweise für eine Abscheidung des Bleiglanzes aus jüngeren Lösungsanteilen anderer Zusammensetzung. Umgekehrt sprechen alle Anzeichen dafür, daß sowohl Galenit als auch Sphalerit zu ein und derselben Erzgeneration gehören.

Diese Erscheinung erwies sich auch vom Standpunkt der rein geothermischen Zonengliederung von EMMONS als nicht erklärbar. Das Schema von EMMONS (1933) verlangt, daß die für Erzkörper angenommene Ablösung der Bleierze durch Zinkerze in der Tiefe ungefähr in derselben Teufe auch in anderen Erzkörpern ein und derselben Lagerstätte (Erzrevier) verfolgt werden kann. Wir beobachten aber in Wirklichkeit, daß in den tiefer gelegenen blinden Erzkörpern die oberen Teile genauso vorwiegend Bleierze enthalten, wie die weiter unten liegenden allmählich durch sphaleritische ersetzt werden. Auf diese Weise können überwiegend galenitische Erze eines Erzkörpers in der gleichen Höhenlage und sogar bedeutend tiefer als die hauptsächlich sphaleritischen Erze des ihnen benachbarten Erzkörpers angetroffen werden. Somit müssen wir unweigerlich zu der Folgerung kommen, daß die Ablösung der galenitischen Erze in der Tiefe durch sphaleritische nicht durch die Lage der Geoisothermen erklärt werden kann, die für das ganze

Erzrevier zum Zeitpunkt der Erzablagerung die gleichen waren, sondern daß sie durch irgendwelche Besonderheiten der Ablagerung des Galenits und Sphalerits aus Erzlösungen in den Bereichen jedes einzelnen Erzkörpers, ja sogar aus ein- und denselben Anteilen der Erzlösungen bedingt ist. Eine Zonengliederung dieser Art ist im Gegensatz zur geothermischen Zonengliederung von EMMONS und der pulsativen Zonengliederung von SMIRNOW zweckmäßig als Ablagerungszonenbildung zu bezeichnen.

In den von uns besuchten Blei-Zink-Lagerstätten ist außer Galenit-Sphalerit-Erzen deutlich eine noch jüngere Generation von Pyrit-Arsenopyrit-Erzen vorhanden. Aus der Durchsicht von Beispielen aus der Literatur ergibt sich erstens die Zugehörigkeit von Pyrit und Arsenopyrit zu einer Generation der Erzablagerung und zweitens die allmähliche Ablösung der Arsenopyriterze in der Tiefe durch pyritische. Auf diese Weise befinden sich Arsenopyrit und Pyrit zueinander in denselben Zonenverhältnissen der Ablagerung wie Galenit und Sphalerit.

Die gesetzmäßige Ablösung der galenitischen Erze durch sphaleritische in der Tiefe ist charakteristisch für die Mehrzahl der Bezirke, in denen Blei-Zink-Lagerstätten entwickelt sind. Zum Teil wurde sie von P. P. BUROW für den Altai und von G. S. LABASIN für den Salair festgestellt. Man muß ganz kategorisch unterstreichen, daß in allen diesen Fällen gerade die Ablagerungszonengliederung, nicht jedoch die EMMONSsche geothermische Zonengliederung vertreten ist, d. h., daß unter den größtenteils sphaleritischen Erzen eines Erzkörpers vorwiegend galenitische Erze der oberen Horizonte des tiefer gelegenen blinden Erzkörpers auftreten können und müssen. Dies zwingt dazu, von völlig anderen Voraussetzungen aus an die Bewertung der tiefen Horizonte der Erzfelder der Blei-Zink-Lagerstätten heranzugehen als im Falle der Akzeptierung des geothermischen Schemas von EMMONS.

Zweifellos gehört zu derselben Kategorie der Erscheinungen auch die Verarmung der Erzkörper der verschiedensten Metalle in der Teufe, die nicht mit der Ablösung der Erzablagerungsgenerationen in der Tiefe gekoppelt ist. Hierbei erfolgt die Veränderung der mengenmäßigen Verhältnisse der Erz- und Nichterzmineralien im Bereich ein und derselben Erzgeneration. Dies bedeutet, daß wir die typische Ablagerungszonierung vor uns haben. In diesem Falle muß man, wie in allen Fällen von Ablagerungszonenbildung, im Auge behalten, daß die Verarmung der Erze bis unter die industrielle Verwertbarkeit in einem Erzkörper durchaus nicht das Fehlen von industriell verwertbaren Erzen in tiefer gelegenen Horizonten darunter befindlicher blinder Erzkörper bedeutet. Verfasser mußte sich mit Gutachten von Experten befassen, in denen auf der Grundlage des EMMONSschen Schemas und unter Annahme eines Aufhörens der industriell verwertbaren Mineralisierung in der Tiefe in einzelnen Erzkörpern auf die Nichthöffigkeit des ganzen Erzreviers in der Tiefe geschlossen wurde. In Wirklichkeit traten jedoch in blinden Erzkörpern in bedeutenderen Tiefen reiche Erze auf.

Verfasser erscheint es durchaus glaubhaft, daß die Annahme einer geringen Erstreckung vieler unserer Erzlagerstätten in die Tiefe auf eine nicht völlig richtige Einschätzung zurückzuführen ist und einen Mangel an Entschlußkraft bei der Erkundung ihrer tiefen Horizonte verrät. Dies kommt wiederum daher, daß wir uns zwar formal vom zonalen Schema von EMMONS abgekehrt haben, daß sich jedoch dessen Resteinflüsse unbewußt in der Bewertung der tiefen Horizonte von Lagerstätten auswirken.

Kehren wir zu den Blei-Zink-Lagerstätten zurück, die von uns 1950 untersucht wurden. Wie schon vermerkt, finden sich zwei Erzgenerationen in ihnen vor: eine frühe Pyrit-Arsenopyrit- und eine nachfolgende sphaleritisch-galenitische Generation. Im Bereich jeder Generation sind die hauptsächlichen Erzmineralien unter sich durch die Zonen der Ablagerung folgendermaßen verbunden: Pyrit und Sphalerit setzen sich in tieferen Horizonten der Erzkörper ab, Arsenopyrit und Galenit in den höheren. In der Mehrzahl der Erzlagerstätten beobachtet man jedoch umgekehrt die Auflagerung von Sphalerit-Galenit-Erzen auf Pyrit-Arsenopyrit-Erze. Systematische Beobachtungen über das Verteilungsverhältnis dieser oder jener Erzgeneration in der Vertikalen wurden nicht gemacht, jedoch wurde in einer Reihe von Fällen festgestellt, daß eine jüngere Erzgeneration im Verhältnis zu einer früheren mehr in die Tiefe versetzt ist. In diesen Fällen haben wir das sehr komplizierte Verteilungsbild verschiedener Mineralien in der Vertikalen vor uns. Die höchsten Horizonte der Lagerstätten werden vornehmlich von Arsenopyriterzen eingenommen, die manchmal von einer Turmalinentwicklung begleitet werden. In der Tiefe erscheint Galenit einer jüngeren Generation, der mengenmäßig vergleichsweise allmählich zunimmt. Noch tiefer treten Sphalerit und Pyrit auf, und die Arsenopyrit-Galenit-Erze werden allmählich von Galenit-Sphalerit-Pyrit-Erzen abgelöst. Die allertiefsten Horizonte der Lagerstätten werden von Sphalerit-Pyrit-Erzen ausgefüllt. Das Bild wird wesentlich komplizierter durch die mitunter kulissenartige Ablösung des einen Erzkörpers in der Tiefe durch andere, von denen jeder eine eigene Ablagerungszonengliederung besitzt.

Die vollständige Analyse der Verteilung verschiedener Typen und Generationen von Erzen dieser Lagerstätten in der Vertikalen wird die Aufgabe weiterer Forschungen sein. Doch ist es jetzt schon klar, daß wir hier die umgekehrte pulsative Zonengliederung im Verein mit normaler Ablagerungszonengliederung in beiden Erzgenerationen vor uns haben.

Dieses Beispiel zeigt, wie kompliziert das Bild der Primärzonengliederung in hydrothermalen Erzlagerstätten sein kann. Einige Daten von sulfidisch-kassiteritischen Lagerstätten sprechen in einigen Fällen für die Möglichkeit des Vorkommens einer noch komplizierteren Zonenbildung. Bei Vorhandensein von mehr als zwei Erzgenerationen in einer Lagerstätte können die jüngeren Generationen die Erscheinung der direkten pulsativen Zonengliederung zeigen, während die späteren die umgekehrte pulsative Zonengliederung ergeben. Wenn hierbei einige Generationen noch eine Ablagerungszonengliederung aufweisen, dann kann das allgemeine Verteilungsbild der Mineralien in den Erzgängen äußerst kompliziert werden.

Beim Studium der vertikalen Zonengliederung in Erzlagerstätten ist es daher nach unserer Meinung notwendig, eine Zonenbildung dreierlei Art zu unterscheiden, welche die hauptsächliche Bewertungsgrundlage der Perspektiven von Lagerstätten in der Tiefe darstellt:

1. Die Zonengliederung im EMMONSschen Sinne oder auch die geothermische, die in den Erzlagerstätten am wenigsten deutlich anzutreffen ist und wahrscheinlich auch die geringste Bedeutung besitzt.

2. Die Ablagerungszonengliederung, die in jedem einzelnen Erzkörper im Bereich einer Erzgeneration erscheint und wahrscheinlich durch physikalisch-chemische Besonderheiten der Ablagerung verschiedener Mineralien aus ein und derselben Erzlösung verursacht wird. Diese Zonengliederung drückt sich in der allmählichen Verringerung des Gehaltes der einen Erzmineralien zugunsten der Erhöhung des Gehaltes an anderen in der Tiefe aus.

3. Die Zonengliederumg im Sinne SMIRNOWs, auch die pulsative genannt, die sich in der verschiedenartigen entfernungsmäßigen Verteilung der auf einanderfolgenden Erzgenerationen im Erzkörper kundtut. Diese Zonengliederung kann sowohl direkt sein, wenn spätere und tiefertemperierte Generationen höher liegen als die früheren, als auch umgekehrt, wenn spätere Generationen tiefer als die frühen auftreten. Es ist völlig natürlich, daß in dem dazwischenliegenden Fall die Zonengliederung fehlen kann, d. h., daß dann die späten Erzgenerationen gegenüber den frühen in der Vertikalen nicht versetzt sein werden oder daß eine Verlagerung in der Längserstreckung des Ganges vorliegen kann, so daß sich die Erscheinungen der horizontalen Zonengliederung ergeben.

Unklar bleibt die Frage, welche Faktoren das Entstehen der direkten und der umgekehrten pulsativen Zonengliederung bedingen. Wir halten es für sehr wahrscheinlich, daß wenn man beim Studium und der Untersuchung von Erzlagerstätten die normale Ablagerungszonengliederung und die pulsative Zonengliederung scharf trennt, sich sehr viel mehr Fälle der umgekehrten pulsativen Zonengliederung ergeben werden, als bisher bekannt wurden. Die Erklärung, die die Verfechter der strukturellen Richtung der umgekehrten Zonengliederung zu geben geneigt sind, befriedigt uns nicht völlig. Im Grunde ist dies auch keine Erklärung; denn es liegt dann die Frage nahe, warum sich denn die Spalten vom Ablagerungsort der Erze der ersten Generation in einigen Fällen nach oben entwickeln und in anderen Fällen nach unten. Diese Frage bleibt unbeantwortet.

Wir sind der Meinung, daß die strukturellen Faktoren bei der Erklärung der Phänomene der umgekehrten pulsativen Zonengliederung allein nicht ausreichen. Wahrscheinlich spielt auch der Temperaturfaktor im Sinne der Anschauungen SMIRNOWs eine Rolle (d. h. das Maß der Erwärmung der Nebengesteine) und möglicherweise diese oder jene Besonderheit in der chemischen Zusammensetzung und vielleicht der physikalische Zustand einzelner Anteile der Erzlösungen. Die Beobachtungen in dieser Richtung reichen bei weitem nicht aus. Zudem sind sie zu unsystematisch. Jedoch kann man in bezug auf die Rolle des Temperaturfaktors einige Überlegungen anstellen.

Es ist nur natürlich, daß unter den Bedingungen in bedeutenden Tiefen und im Falle der Durchwärmung der Nebengesteine durch große Batholithintrusionen die Abkühlung äußerst langsam vor sich gehen wird und daß sich von einer Erzgeneration zur anderen die Geoisothermen nicht wesentlich verschieben können. In diesem Falle haben wir allen Grund, das Auftreten der direkten pulsativen Zonengliederung zu erwarten. Umgekehrt kann man mit Bestimmtheit für Bedingungen in geringen Tiefen und in Oberflächennähe sowie besonders für den Fall der Erwärmung der Nebengesteine durch kleine Intrusivkörper eine schnelle Abkühlung erwarten und im Zusammenhang damit auch die umgekehrte pulsative Zonengliederung. Es ist charakteristisch, daß die Mehrzahl der bis heute beobachteten Fälle von umgekehrter pulsativer Zonengliederung gerade an die Lagerstätten gebunden ist, zu denen kleine Intrusivkörper gehören. Überaus wünschenswert wäre die weitere Sammlung von Beobachtungen in dieser Richtung.

Die vorstehenden Darlegungen erlauben es, drei praktische Empfehlungen zu geben:

1. Beim Studium von Erzlagerstätten ist es erforderlich, sehr streng zwischen der Ablagerungszonengliederung und der pulsativen Zonengliederung zu unterscheiden. Bei Vorhandensein der letzteren ist ihr Charakter zu klären, d. h., ob sie direkt oder umgekehrt ist.

2. Falls Ablagerungszonengliederung in der Lagerstätte auftritt, ist es unzulässig, sie als geothermische Zonengliederung nach EMMONS aufzufassen. Ein solches Verfahren könnte, jeder Grundlage entbehrend, die Perspektiven der Lagerstätten in der Tiefe einengen. Wir können als sicher annehmen, daß man frühere Einschätzungen der tiefen Horizonte einiger Lagerstätten im Zusammenhang damit noch einmal wird überprüfen müssen.

3. Wahrscheinlich wird die wesentlich weitere Verbreitung von Erscheinungen der umgekehrten pulsativen Zonengliederung mehr, als normalerweise angenommen wird, dazu Anlaß geben, mit besonderer Vorsicht an die Beurteilung derjenigen tiefliegenden Lagerstätten heranzugehen, deren obere Horizonte höhertemperierte und vielleicht sogar industriell nicht verwertbare Erzgenerationen enthalten. Von diesem Standpunkt aus erweist es sich vielleicht als notwendig, die Bewertung vieler Erzlagerstätten und Erzanzeichen und möglicherweise sogar ganzer Erzreviere zu revidieren.

Zusammenfassung

Der Beitrag setzt sich kritisch mit dem EMMONSschen Schema der zonaren Gliederung von Erzlagerstätten auseinander. Der Ablagerungszonierung wird die pulsative Zonierung (S. S. SMIRNOW u. a.), bei der noch die direkte und die umgekehrte Zonengliederung unterschieden wird, gegenübergestellt. Vom Verfasser wird auf die im Gegensatz zu gegenwärtigen Ansichten wesentlich weitere Verbreitung der umgekehrten pulsativen Zonengliederung hingewiesen. Auf Grund dessen ist eine Revision der Bewertung vieler tiefliegender Erzlagerstätten notwendig.

Резюме

Автор в данной работе критически подходит к рассмотрению зональной схемы рудных месторождений ЭММОНСа. Указывается на необходимость четкого подразделения на зональность отложения и зональность пульсационную (С. С. СМИРНОВ и др.), в которой еще различают прямую и обратную зональность. Автор обращает внимание на значительно более широкое развитие явлений обратной пульсационной зональности, чем это принято считать. С этой точки зрения необходимо пересмотреть оценку многих глубоких рудных месторождений

Summary

The paper critically argues with EMMONS's scheme of zonal arrangement of ore deposits. Zonal arrangement of precipitations is compared with that of pulsatory zones (S. S. SMIRNOW et al.), which is subdivided into a direct and inverse zonal arrangement. Contrary to present opinions the author points to the considerably larger extension of inverse classification of pulsatory zones. As a result a revision of the evaluation of many low lying ore deposits will be necessary.

Literatur

EMMONS, W. H.: Primary downward changes in ore deposits. – Am. Inst. Min. Eng. Trans., Bd. 70 (1924).

KOROLJOW, A. W.: Die Abhängigkeit der Vererzungszonengliederung von der Entwicklungsfolge der Erzlagerstättenstrukturen. – Isw. Akad. Nauk SSSR, Serie Geol., Nr. 1, 1949.

SMIRNOW, S. S.: Zur Frage der Zonengliederung von Erzlagerstätten. – Isw. Akad. Nauk SSSR, Serie Geol., Nr. 6, 1937.

WOLFSON, F. I. & W. A. NJEWSKIJ: Über die Primärzonengliederung in hydrothermalen Lagerstätten. – Isw. Akad. Nauk SSSR, Serie Geol., Nr. 1, 1949.

Das Aziditäts-Alkalitäts-Regime und die vertikale Zonarität bei postmagmatischen Prozessen[1)]

D. S. KORSHINSKI, Moskau

Die Veränderung der Azidität der Lösungen ist zweifellos der Hauptfaktor des Erzabsatzes. In früheren Arbeiten behandelte Verf. die Abhängigkeit der Aktivität der Komponenten von der Azidität der Lösungen und sprach die Hypothese vom Aziditätsfiltrationseffekt und der Welle der sauren Komponenten im Strom der postmagmatischen Lösungen aus. Unter Zugrundelegung dieser Vorstellungen wird nachfolgend das Schema der vertikalen Zonarität der postmagmatischen Bildungen behandelt.

Zur Veranschaulichung stelle man sich eine Gesteinssäule vor, deren Porensystem mit stagnierenden wäßrigen Lösungen gefüllt ist. Zu einem gewissen Zeitpunkt treten in diese Säule von unten her in die Porenlösungen saure Komponenten (CO_2, HCl, H_2S, SO_3 usw.) ein, die unter dem Einfluß des Druckgradienten nach oben streben, wodurch eine „Aziditätswelle" in den Porenlösungen der Gesteinssäule geschaffen wird. Die leichtere Filtration der sauren Komponenten der Lösung stellt eben den hypothetischen „sauren Filtrationseffekt" dar, welcher experimentell noch nicht untersucht worden ist. In jedem Querschnitt der Säule wird die Azidität der Porenlösungen unter der Einwirkung der durchgehenden Aziditätswelle anfangs ansteigen, wodurch eine Auslaugung der Gesteine herbeigeführt wird, und danach abfallen, was zu einer reziproken Fällung der ausgelaugten Komponenten führt. Im Endergebnis wird also bei Stagnation der wäßrigen Porenlösungen die Zusammensetzung des Gesteins nirgends verändert, es erfolgt lediglich eine Umkristallisation.

Wir gehen nun zu einem komplizierten Fall über. Die wäßrigen Porenlösungen werden in der Gesteinssäule nach oben filtriert, aber langsamer, als das bei der Welle der sauren Komponenten der Fall ist. In diesem Fall wird, wie früher in jedem Querschnitt der Säule, anfangs eine Auflösung der Basen des Gesteins erfolgen. Darauf werden sie ausgefällt. Aber im Gegensatz zum ersten Fall werden die in einem gegebenen Querschnitt zum Absatz kommenden Komponenten durch die Lösung aus einem tieferen Horizont herbeigeführt. Dort, wo die sauren Komponenten in die Porenlösungen eintreten, wird die Auslaugung gegenüber der Ausfällung stark vorherrschen, und in dem Horizont, in dem die sauren Komponenten die Gesteinssäule verlassen, wird die Fällung gegenüber der Auslaugung dominieren.

Das Stadium der Auslaugung und das folgende Stadium der Fällung treten bei jedem natürlichen postmagmatischen Prozeß und hierbei in jedem Stromquerschnitt der Lösungen in Erscheinung. Eben diese Prozesse führen zur Vorstellung von der Aziditätswelle. Eine bemerkenswerte Besonderheit der natürlichen metasomatischen Vorgänge besteht hierbei darin, daß sich die Auslaugung über größere Räume vollzieht und erhebliche Gesteinsmassen erfassen kann, während die nachfolgende Ausfällung der ausgelaugten Komponenten gewöhnlich an die Klüfte des Gesteins gebunden ist. Das kann man damit erklären, daß im Stadium der zunehmenden Azidität der Lösungsprozeß des Gesteins gegenüber dem Fällungsprozeß vorherrscht und sich die Gesteinsporen erweitern, so daß ein gleichmäßiges Durchsickern durch die Gesteinsfolge möglich wird. Im Stadium der absinkenden Azidität dominiert die Fällung. Die Gesteinsporen beginnen sich zu verstopfen. Der Druck der Lösungen nimmt zu, und ihr Aufstieg ist an die gröberen Klüfte gebunden, in denen auch die Fällung der ausgelaugten Komponenten erfolgt. Infolgedessen ruft dieser Durchgang der Aziditätswelle in den Gesteinen auf dem Wege der aufsteigenden postmagmatischen Lösungsströme eine „hydrothermale, sauer-alkalische Differentiation" hervor, d. h. einen konzentrierten Absatz jener Komponenten, die aus den großen Volumina der Nebengesteine ausgelaugt worden waren, an den Spalten.

In der Regel ist zwischen Auslaugung und Ausfällung in bezug auf die Zeit (oder Temperatur) und den Ort keine wesentliche Differenz zu beobachten, d. h., die ausgefüllten Trümer entsprechen hinsichtlich der Zusammensetzung und der Temperaturverhältnisse den ausgelaugten Nebengesteinen. Die Bildung der Erzgänge (Ausfällung) ist die unmittelbare Fortsetzung der Auslaugungsprozesse. Es ist deshalb falsch, die Bildung der Erzgänge obligatorisch mit einem selbständigen Prozeß in Verbindung zu bringen, der von der Etappe der Auslaugung durch eine Etappe tektonischer Bewegungen getrennt sei. Wie wir gesehen haben, kann das jeweilige Verhältnis der aufsteigenden postmagmatischen Lösungsströme zu den Spalten durch eine Veränderung der Azidität der Lösungen und nicht durch eine Veränderung der tektonischen Situation bedingt sein. Das schließt natürlich nicht die Möglichkeit aus, daß überprägende Prozesse auftreten, die genetisch nicht damit im Zusammenhang stehen und zeitlich stark von diesen Prozessen differieren.

Die Auslaugung der Gesteinskomponenten im Stadium der zunehmenden Azidität erfolgt mit abnehmender Basizität, die folgende Ausfällung in den Spalten erfolgt umgekehrt mit zunehmender Basizität. Diese Reihenfolge wird durch den Einfluß der Gesteinszusammensetzung kompliziert, da ein großer Gehalt an Komponenten die vollständige Auslaugung aus dem Gestein verzögert und den Beginn der Ausfällung aus der auslaugenden Lösung beschleunigt. Daher werden in den Gängen hauptsächlich jene Basen gefällt, an denen die Nebengesteine (oder die unmittelbar darunterliegenden Gesteine) besonders reich waren.

Infolge der hydrothermalen Differentiation können die ausgelaugten Gesteine als Quelle für eine Reihe von Komponenten der Erzgänge dienen. Das ist besonders bei Tonerde und Eisen zu beobachten. Offensichtlich ist das in vielen Fällen auch für Kupfer richtig, da bekannt ist, daß Cu-Ganglagerstätten an basische Gesteine mit hohem Gehalt an dispersem Kupfer gebunden sind. Ein derartiger Zusammenhang ist auch bei einigen anderen Komponenten der Erze möglich.

Gleichzeitig muß die sauer-alkalische Differentiation auch zu einer konzentrierten Ablagerung der magmatogenen Erzkomponenten in den Gängen beitragen. Tatsächlich werden bei der Auslaugung der Gesteine die aufsteigenden Lösungen mit verschiedenen starkenBasen

[1)] Materialien für die Allunionsberatung zur Erarbeitung wissenschaftlicher Grundlagen für das Aufsuchen verborgener Erzkörper (Thesen der Vorträge und Mitteilungen), S. 13–18, Moskau 1958. Übers.: OESTREICH

gesättigt, und bei der folgenden Herabsetzung der Azidität treten Übersättigungen ein. Das bewirkt, daß in den Spalten vor allem schwache Basen, wie es die Erzkomponenten sind, zum Absatz gebracht werden. Das geschieht sogar, wenn vor der Auslaugung der Gesteine die Lösung mit diesen Erzkomponenten nicht gesättigt war.

In einer früheren Arbeit hatte Verf. das Schema einer Infiltrationssäule mit Temperaturgradienten behandelt, in welcher der Übergang von zunehmender zu abnehmender Azidität der aufsteigenden Lösungen mit dem Erreichen bestimmter Temperaturen oder Drücke verbunden ist. In diesem Fall muß die Fällungszone oder speziell die Vererzungszone über der Auslaugungszone liegen. In der hier behandelten Säule mit der Aziditätswelle erfolgt der Wechsel zwischen Auslaugung und Fällung, welcher die sauer-alkalische Differentiation und speziell die Vererzung hervorruft, in jedem Querschnitt der Säule, d. h., die Vererzung umfaßt im allgemeinen Fall viele Stockwerke.

Wir betrachten nun die vertikale Zonarität der Infiltrationssäule auf Grund der Welle der sauren Komponenten. Die Erhöhung der Konzentration der sauren Komponenten hängt mit dem Abschluß der Kristallisation des Magmas zusammen. Sie tritt gleich von Beginn der autometamorphen Prozesse (Myrmekitisierung, Biotitisierung der Feldspäte usw.) an in Erscheinung, d. h., die Welle der sauren Komponenten entsteht bereits in den aktivsten Massiven der magmatischen Gesteine. Die Aziditätswelle verstärkt sich in Richtung auf die Kontaktzonen der Massive. Eine weitere Erhöhung der Azidität hängt offensichtlich mit der Kondensation der postmagmatischen Lösungen zusammen, d. h. mit ihrem Übergang aus dem gasförmigen in den flüssigen oder überkritisch-fluiden Zustand. In einer solchen Übergangszone wird eine maximale Azidität der Lösungen erreicht. In dieser Zone muß die Auslaugung gegenüber der folgenden Ausfällung stark dominieren, da die in der Zone der maximalen Auslaugung gelösten Substanzen erst in der darüberliegenden Zone ausgefällt werden können. In der eigentlichen Zone der maximalen Auslaugung erfolgt eine Fällung aus den von unten hinzutretenden Lösungen, die keine so hohe Azidität erreicht haben und die daher bei der Herabsetzung der Azidität in geringerem Grade mit Basen übersättigt sind. In Zusammenhang damit können in dieser Zone nur die schwächsten Basen (Tonerde, Eisen, Titan) gefällt werden.

Im Verlaufe des weiteren Aufstiegs muß die Welle der sauren Komponenten infolge ihres Diffundierens in die Nebengesteine allmählich abklingen. Dasselbe tritt ein durch Fällung eines Teils der sauren Komponenten als Mineralien und schließlich nahe an der Oberfläche infolge ihres Abdestillierens aus der Lösung, d. h. durch Abtrennung als Gasphase. In den oberen Querschnitten des Stroms der postmagmatischen Lösungen kann man daher erwarten, daß die Fällung gegenüber der Auslaugung dominiert. Andererseits kann in den oberflächennahen Bereichen eine starke Intensivierung der Auslaugung erfolgen, indem die Lösungen durch den Sauerstoff der Atmosphäre oxydiert werden. Daher ist außerhalb der Zone der oberflächenhaften Oxydation folgendes Schema des vertikalen Profils (von unten) der postmagmatischen Infiltrationssäule gegeben:

1. Zone der zunehmenden Aziditätswelle:
Verdrängung der starken Basen durch die schwachen; Auslaugung und Verquarzung werden nach oben zu stärker. Die nachfolgende Fällung der Basen ist schwach ausgeprägt oder fehlt praktisch.

2. Zone der maximalen Azidität:
Die Auslaugung dominiert stark gegenüber der nachfolgenden Ausfällung, wobei hauptsächlich die schwächsten Basen gefällt werden (Tonerde, Eisen).

3. Zone der abklingenden Aziditätswelle:
Nach oben zu tritt das saure Stadium zurück, das alkalische nimmt zu; es fallen die basischeren Mineralien aus. Oben herrscht Ausfällung gegenüber Auslaugung vor.

Bei postmagmatischen Vorgängen, die mit granitoidischen Massiven zusammenhängen, tritt die Zone der maximalen Azidität in der Nähe der Kontakte der magmatischen Körper in Erscheinung (Auslaugung in Kontaktnähe), häufig im inneren Kontaktteil, wobei quarzreiche Muskovitgranite, Greisen und Pegmatite mit Verquarzungszonen entstehen. In geringer Entfernung von den Granitmassiven treten Quarzgänge und häufig Erzgänge auf, bei deren Bildung, im ganzen gesehen, die Vorgänge der Auslaugung und Verquarzung gegenüber der nachfolgenden Ausfällung vorherrschten. In einer gewissen Entfernung von den Massiven erscheinen telethermale Erzgänge und erzfreie Gänge — Karbonat-, Flußspat-, Schwerspatgänge u. a. —, bei deren Bildung die Fällung gegenüber der Auslaugung bis zum Verschwinden der Auslaugungsspuren vorherrschte.

Viel komplizierter und weniger untersucht sind die Verhältnisse in subvulkanischen und vulkanischen Komplexen. In den Zonen der maximalen Azidität entstehen hier sekundäre Quarzite mit Gängen von hochtonerdehaltigen Mineralien (in Liparitgesteinen) und Pyrit (in Spilit-Keratophyr-Gesteinen). Die sekundären Quarzite sind häufig an die Kontaktzonen hypoabyssischer Intrusionen gebunden, wie das für einige Cu-Mo- und Korund-Andalusit-Lagerstätten typisch ist. In anderen Fällen jedoch liegen die sekundären Quarzite in vulkanischen Gesteinen unabhängig von den Kontakten der Intrusivbildungen oder in gewisser Entfernung davon. In einigen Fällen kann diese Lage durch Oxydation der aufsteigenden Lösungen in Oberflächennähe erklärt werden, wie im Fall der „Solfatarenargillitisierung". In anderen Fällen jedoch, in denen die sekundären Quarzite unter Gesteinen entstanden, die weniger stark verändert wurden (Propylitisierung), wie das bei einigen Kieslagerstätten des Urals festgestellt wurde, könnte eine derartige Oxydierung von der Oberfläche her offensichtlich keine aufsteigende Bedeutung haben. Wahrscheinlich muß man hier die Möglichkeit zulassen, daß bei subvulkanischen Verhältnissen die Zone der maximalen Azidität von den Kontakten der aktiven magmatischen Körper entfernt liegen kann, sogar unabhängig von der oberflächennahen Oxydation. Eine mögliche Ursache für diesen Unterschied zu den Tiefenformationen ist die, daß sich die Kondensation der postmagmatischen Lösungen, die nach unserer Annahme bei subvulkanischen Verhältnissen mit geringem Druck eine erhebliche Zunahme der Azidität der Lösungen hervorruft, bei geringeren Temperaturen als bei Tiefenbedingungen vollziehen kann.

Bekanntlich ist für die Kieslagerstätten des Urals eine Zonarität der Vererzung typisch; diese Zonarität hängt offenbar mit der Azidität der Lösungen zusammen. In der Zone der maximalen Azidität enthalten die sekundären Quarzite in Trümern gewöhnlich nur Serizit, während die Pyritlager und -gänge hauptsächlich in den oberen Horizonten der sekundären Quarzite auftreten.

Die Cu-, dann auch die Pb-Zn-Vererzung ist an die oberen und randlichen Teile der Kieslager gebunden. Darin treten Chlorit, Karbonate und andere Mineralien auf, die darauf hindeuten, daß hier das saure Stadium weniger, das Stadium der Fällung dagegen stärker vertreten war.

Folgerungen hinsichtlich des Aufsuchens verborgener Erzkörper

Aus den erörterten Vorstellungen folgt, daß keine spezialisierten erzführenden Lösungen existieren, die sich von den Lösungen unterscheiden, welche die Gesteine metasomatisieren und metamorphosieren. Beliebige Bereiche einer sehr intensiven endogenen Metasomatose der Gesteine zeugen von der Einwirkung eines mächtigen Stromes aufsteigender Lösungen, der beim Durchgang durch günstige lithologische oder tektonische Zonen diese oder jene Vererzung schaffen konnte, wobei diese Vererzung in mehreren Stockwerken auftreten kann. Daher verdienen es alle Bereiche einer außerordentlich intensiven metasomatischen Veränderung der Gesteine, erkundet zu werden.

Für einen Absatz von Erzen sind hinsichtlich der Zusammensetzung hauptsächlich die basischeren Gesteine günstig, insbesondere die Karbonate. Aber außerdem ist infolge der sauer-alkalischen Differentiation ein konzentrierter Absatz der Erzkomponenten in Gesteinen verschiedener Zusammensetzung möglich. Bei der saueralkalischen Differentiation werden in den Gängen konzentrierte Erz- und Nichterzkomponenten (Basen) abgesetzt, die aus den großen Volumina der Nebengesteine und der unterlagernden Gesteine ausgelaugt wurden. Der gleiche Prozeß schafft in den Gängen Bedingungen für eine Übersättigung, die ebenfalls für den Absatz juveniler Erzkomponenten der Lösung günstig sind.

Mit der vertikalen Zonarität des postmagmatischen Stroms im Sinne der Zunahme und dann des Abklingens der Aziditätswelle muß auch die Zonarität der Vererzung zusammenhängen, da oberhalb der Zone der maximalen Azidität die Alkalität der Lösungen im Stadium der Erzbildung immer mehr angewachsen ist. Für die magmatogenen Erzkomponenten der Lösungen muß außerdem eine mit solchen Faktoren wie Filtrationseffekt, Temperatur- und Druckabfall zusammenhängende Zonarität zum Ausdruck kommen.

Es soll hier noch die Bedeutung des physiko-chemischen Faktors erörtert werden. Für eine durchgängige Verdrängung (Vererzung) des Gesteins, das sich unter dem Belastungsdruck der darüberliegenden Gesteine befindet, bedarf es einer weitaus stärkeren Übersättigung der Lösungen, als es zum Absatz der Erzmineralien in den Spalten und Zonen mit schwächerem Druck erforderlich ist. Daher beginnt die Fällung der Erzmineralien vor allem in den Schwächezonen. Im Strom der aufsteigenden Lösungen entsteht vor der Zone der durchgängigen Vererzung eine Zone, in der die Übersättigung der Lösungen für eine durchgängige Vererzung der Gesteine nicht ausreicht. Wo sie aber ausreicht, die Erzmineralien in den Spalten und Hohlräumen des Gesteins anzufüllen, d. h. zur Schaffung einer dispersen eingesprengten Vererzung zu führen, kann sie ein Merkmal für eine reichere Vererzung in der Tiefe sein.

Zusammenfassung

Die Veränderung der Azidität von magmatischen Lösungen ist nach Ansicht des Verfassers der Hauptfaktor für einen Erzabsatz. Darauf fußend, wird ein Schema der vertikalen Zonarität der postmagmatischen Bildungen in Hinsicht auf ihr Aziditäts-Alkalitätsregime gegeben. Dieses Schema unterscheidet die Zone der zunehmenden Aziditätswelle, die Zone der maximalen Azidität und die Zone der abklingenden Aziditätswelle. Die Stadien der Auslaugung und Ausfällung, die bei jedem natürlichen postmagmatischen Prozeß auftreten, werden unter dem Begriff der Azidiätswelle dargestellt.

Резюме

Главным фактором для отложения руды по мнению автора является изменение кислотности магматических растворов. На этой основе дается схема вертикальной зональности постмагматических образований по отношению к их кислотно-щелочному режиму. Эта схема различает зону возрастающей волны кислотности, зону максимальной кислотности и зону уменьшающейся волны кислотности.

Стадии выщелачивания и осаждения, проявляющпеся в каждом природном постмагматическом процессе, представляются под понятием волны кислотности.

Summary

In the opinion of the author the variation of acidity of magmatic solutions is the main factor in ore deposition. This is the base on which a scheme is given showing vertical zonarity of postmagmatic formations with regard to its acidity-alkalinity regime. Zones classified by the scheme are as follows: zone of increasing wave of acidity, zone of maximum acidity, and zone of decreasing wave of acidity.

The term acidity wave is used to express stages of leaching and precipitation, which are found in all natural postmagmatic processes.

Die Ergebnisse von Tiefbohrungen im Freiberger Lagerstättenbezirk

MANFRED KRAFT & GERHARD TISCHENDORF, Berlin

Lagerstättenkundliche Situation und Aufgabenstellung

Die bereits seit Jahrhunderten auf Silber und Blei in Abbau befindlichen Lagerstätten des Freiberger Bezirks gehören zur Zeit zweifellos mit zu den am besten untersuchten Erzrevieren Mitteleuropas. Infolge der regen bergbaulichen Tätigkeit im Freiberger Gebiet und einer großzügigen Tiefenerkundung des Lagerstättenbezirks wurden etwa seit 1950 zahlreiche neue Aufschlüsse geschaffen, die umfangreiche geologische und mineralogische Untersuchungen zuließen. Obgleich es seit dem vorigen Jahrhundert an gründlichen Lagerstättenbearbeitungen nicht mangelte, erhöhte sich die Extensität und Intensität der Untersuchungen in den letzten zehn Jahren um ein Vielfaches.

Dies führte dazu, daß unsere Kenntnisse über die lagerstättenkundliche Situation (OELSNER 1952, TISCHENDORF 1955a, GOTTE 1956, BAUMANN 1958 GOTTE & RICHTER 1960), über die geochemischen und physiko-chemischen Vorgänge (LEUTWEIN & HERRMANN 1954, TISCHENDORF 1955b, TÖLLE 1955, KRAFT 1959, STARKE & RENTZSCH 1959) und auch über die noch möglichen Erzvorräte in Freiberg (OELSNER & BAUMANN 1957) erheblich erweitert wurden. Auf eine detaillierte Darstellung der lagerstättengenetischen Verhältnisse des Freiberger Gangreviers soll hier verzichtet werden. Es sei auf die ausführliche Bearbeitung von BAUMANN (1958) verwiesen. Einige allgemeine, die Aufgabenstellung der durchgeführten Tiefbohrungen betreffende Bemerkungen seien jedoch gestattet.

Eine der wesentlichsten Fragen bei der Beurteilung fluid- und hydrothermal-magmatischer (also extramagmatischer) Lagerstätten (wobei durch Mitverwendung des Begriffes „magmatisch" die Herkunft aus Restlösungen eines Magmas betont werden soll) ist die Frage nach dem Chemismus, nach der Form und der Tiefe des erzbringenden Plutons und nach dem Absatzort der Mineralbildungen, sowohl in Beziehung gesetzt zum Erzbringer selbst als auch zur Erdoberfläche. Dabei ist für genetische Erwägungen besonders die paläogeologische Situation, für die Vorratslage aber vor allem die heutige von Bedeutung.

Die im allgemeinen nach SCHNEIDERHÖHN (1944) verwendete Gliederung von magmatischen Lagerstätten, einmal nach ihrer Bildungstiefe in bezug zur damaligen Erdoberfläche (z. B. oberflächennah, hypoabyssisch), dann nach dem Intrusionsniveau des Magmas in bezug zur damaligen Erdoberfläche (vulkanisch, subvulkanisch, plutonisch, tiefplutonisch) und schließlich nach dem Bildungsort der Lagerstätte in bezug zum Magmenherd (z. B. apo- und perimagmatisch), erfuhr in den letzten Jahren noch eine Präzisierung (SCHNEIDERHÖHN & BORCHERT 1956). Die Gliederung wird aber durchaus nicht immer konsequent vorgenommen, z. B. schon dann nicht, wenn eine Mineralabfolge „plutonisch" oder „subvulkanisch" genannt wird. Allerdings wird dieser zweifache Gebrauch der Bezeichnungen „vulkanisch" und „plutonisch", einerseits für das Intrusionsniveau von Eruptiva, andererseits für das „Ausscheidungsniveau" von Restlösungsbildungen, allerorts gepflegt und auch vorgeschlagen (z. B. SCHNEIDERHÖHN 1941, S. 38); er sollte im Interesse einer klaren Abgrenzung besser vermieden werden.

Bei dem Ansatz von Tiefbohrungen in einem gut bekannten Vererzungsgebiet mit dem Ziel, die Oberfläche des erzbringenden Plutons zu erreichen, sind Kriterien von Bedeutung, die etwas über die Teufe des Intrusivkörpers und vor allem über evtl. vorhandene Aufstülpungen aussagen.

OELSNER (1952) bezeichnet mit Recht auf Grund der paläogeologischen Situation die Freiberger Erzgänge entgegen älteren Einstufungen als typisch oberflächennahe Bildungen, wobei die hochthermalen Paragenesen nur infolge einer intensiven Vorwärmung des Nebengesteins und des Vorhandenseins eines schlecht wärmeleitenden Daches in Form stefanischer oder unterrotliegender Porphyrdecken (Porphyre des Tharandter Waldes) zustande kamen. BAUMANN (1958) folgt dieser Vorstellung und gibt an, daß der Bildungsraum der Erzgänge vermutlich in ca. 500—2000 m Teufe unter der damaligen Erdoberfläche (die nach OELSNER praktisch etwa der heutigen zuzüglich der Decken der Tharandter-Wald-Porphyre entspricht) gelegen hat.

Obwohl das Intrusionsniveau des Freiberger Plutons aus lagerstättengenetischen Gesichtspunkten als recht hoch eingeschätzt wird — OELSNER (in SCHNEIDERHÖHN & BORCHERT 1956) gab eine Intrusionstiefe von 2 km und WATZNAUER (1954) gar nur von 800—1000 m an —, sind sich die meisten Bearbeiter doch darin einig, daß durch die speziellen Eigenheiten des Nebengesteins plutonische Bedingungen für die Erstarrung des Magmas gegeben waren. In diesem Sinne wurde auch auf der Diskussionstagung (SCHNEIDERHÖHN & BORCHERT 1956) argumentiert und der Freiberger Intrusivkörper als Hochpluton bezeichnet; die Ausführungen von WATZNAUER (1954, S. 698) sind im gleichen Sinne zu werten. BAUMANN (1958) äußert sich zur Tiefenlage des Freiberger Plutons nicht definitiv. Aus seinen Angaben über den Bildungsraum der Erzgänge und einer Profilskizze durch die Freiberger Gneiskuppel (1958, Bild 2) läßt sich aber ableiten, daß er höchste Aufstülpungen des Granits in 2—3 km Teufe unter der damaligen Erdoberfläche für möglich hält.

Zur näheren Lokalisierung, besonders der Form des Freiberger Plutons, wurden vom VEB Geophysik durch HERTWIG & LINKE (1957) Schweremessungen durchgeführt. Aus den Ergebnissen kann wohl abgeleitet werden, daß im Osterzgebirge in NW—SE-Erstreckung ein großer Magmenkörper, von dem der eigentliche Freiberger Pluton nur den äußersten NW-Teil bildet, in der Tiefe aufsitzt; über das spezielle Relief des Freiberger Granites lassen sich jedoch keine Einzelheiten, die auch mit der Anordnung der Mineralparagenesen übereinstimmen, erkennen.

Der Schlußfolgerung, daß die aus den geophysikalischen Ergebnissen erkennbare, etwa NNE—SSW westlich Freiberg verlaufende negative Anomalie einen Granitrücken des Freiberger Plutons unter Umständen widerspiegelt, kann man von lagerstättenkundlicher Seite nur schwer zustimmen. Auch die aus den geophysikalischen Untersuchungen resultierende Vermutung, daß der erzbringende Granit durchaus westlich Freiberg liegen könne, da eine große Anzahl der östlich Freiberg aufsitzenden Gänge nach W einfällt und von dort ihre Mineralsubstanz bezogen haben könnte, stellt kein entscheidendes Argument dar; besonders dann nicht, wenn man anerkennt, daß die Paragenesen der kiesig-blendigen und der Edlen-Braunspat-Formation von den Revieren der Himmelfahrt- und Himmelsfürst-Fundgruben und den Mittelgruben aus nach W eintauchen (BAUMANN 1958, Anl. 2), und zwar steiler als dies von NNE nach SSW zu beobachten ist.

Eindeutigere Ergebnisse über den vermutlichen Verlauf der Granitoberfläche haben geochemische und paragenetische Untersuchungen der Mineralabfolgen gebracht. Aus der Feststellung, daß sich der Wismutgehalt im Bleiglanz als Temperaturkriterium verwenden läßt (LEUTWEIN & HERRMANN 1954) und mit Hilfe von Linien gleichen Wismutgehaltes im Bleiglanz Isothermallinien, die dem Granitkontakt wahrscheinlich etwa parallel laufen, konstruiert werden können (OELSNER & BAUMANN 1957) und daß die Paragenesen des Freiberger Plutons zonal angeordnet sind (BAUMANN 1958), ergeben sich Kriterien, die für den Granitoberflächenverlauf von Bedeutung sind. Übereinstimmend wird von den genannten Bearbeitern festgestellt, daß im Revier der Grube Himmelfahrt unmittelbar östlich Freiberg der tiefste Bereich der bisher aufgeschlossenen Lagerstättenteile Freibergs vorliegt, der Freiberger Pluton dort also anscheinend seine höchste Aufstülpung besitzt, und daß im Bereich des Grubenreviers Himmelsfürst südsüdwestlich Brand-Erbisdorf (siehe Abb. 1) eine kleinere Granitaufstülpung des Freiberger Plutons angenommen werden kann.

Die Folgerung BAUMANNS (1958), daß die Massenachse des unterlagernden Magmenkörpers in annähernd

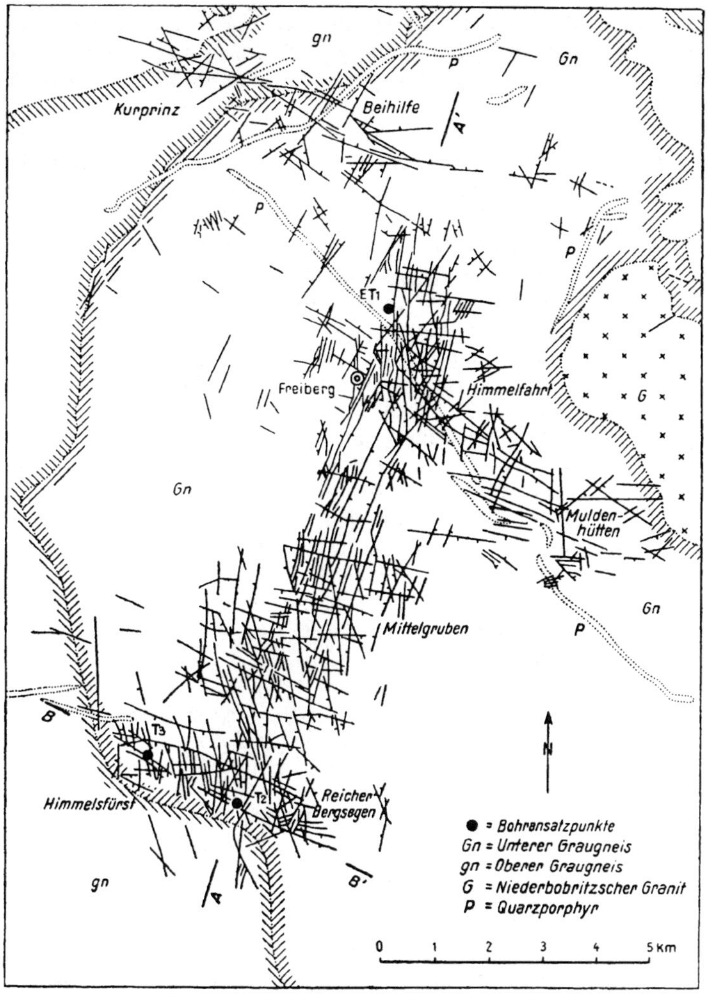

Abb. 1. Die Lage der Bohransatzpunkte innerhalb des Gangspaltensystems des Freiberger Lagerstättenbezirkes

NW—SE-Richtung verläuft, ist wohl einerseits aus den geophysikalischen Ergebnissen, andererseits aus gewissen Fakten der zonal angeordneten Mineralparagenesen abgeleitet. Sie trifft für den gesamten, vermutlich bis weit südöstlich des Erzgebirgsrandbruches reichenden Magmenkörpers sicher zu. Die Verteilung der Paragenesen in den mineralisierten Spalten des Freiberger Bezirks weist aber wahrscheinlich auf zwei, das Oberflächenrelief des gesamten Magmenkörpers näher charakterisierende Granitrücken hin. Der eine streicht NNE—SSW und muß als Restlösungszuzugsgebiet für die Vererzungen der Gänge in den Revieren der Himmelfahrt-Fundgrube, der Mittelgruben und der Himmelsfürst-Fundgrube gelten, der andere erstreckt sich in NW—SE-Richtung und erwirkte die Mineralisation im Muldenhüttener Gebiet, im Gebiet der Grube Himmelfahrt und der Grubenreviere Beihilfe und Kurprinz (Abb. 1). Die bereits angeführten und auf Grund lagerstättengenetischer Kriterien wahrscheinlich gewordenen speziellen Granitaufstülpungen stellen ihrerseits eine weitere nähere Kennzeichnung der Morphologie der Granitrücken dar. Dabei läßt sich aus der Verteilung der Paragenesen ableiten, daß im Gebiet der Grube Beihilfe sicher mit einer weiteren Granitaufstülpung, und zwar im Bereich des NW—SE streichenden Granitrückens, gerechnet werden kann. Das trotz des tiefen Anschnittniveaus im Revier der Grube Himmelfahrt vorhandene, gegenüber den anderen Freiberger Revieren besonders reiche Erzgebiet läßt sich zurückführen auf die für die Bildung der höchsten Granitaufstülpung und damit für den Zuzug von vielen Restlösungen besonders günstige Situation der Vergitterung der genannten zwei Granitrücken.

Die Aufgabe der von der Staatlichen Geologischen Kommission geplanten und durchgeführten vier Tiefbohrungen im Freiberger Gebiet bestand — ausgehend von den genannten, damals zum Teil allerdings noch nicht bekannten oder noch nicht vollständig erarbeiteten Untersuchungsergebnissen — darin, in verschiedenen Grubenrevieren den Granit zu erreichen, um neben den vorhandenen, ausnahmslos aus geologischen Befunden abgeleiteten Kennziffern einen absoluten Teufenmaßstab zu erhalten. Darüber hinaus sollten durch das Anbohren des Granites weitere Kriterien über die mögliche Teufenfortsetzung der Freiberger Erzgänge und damit über die Perspektive des gesamten Freiberger Erzbezirkes gewonnen werden.

Da in den einzelnen Grubenrevieren bereits bedeutende Teufenaufschlüsse vorlagen (Revier Beihilfe, 450-m-Sohle = 590 m unter Rasenhängebank; Revier Himmelfahrt, 16. Gezeugstrecke = 747 m unter Rasenhängebank; Revier Himmelsfürst, $^1/_2$17. Gezeugstrecke = 660 m unter Rasenhängebank), die in erheblichem Maße das Einsparen von Bohrmetern möglich machten, schien es ratsam, nicht Übertage-, sondern Untertagebohrungen durchzuführen. Außerdem bestand bei Übertagebohrungen Gefahr, daß durch das Anbohren alter Grubenbaue größere technische Schwierigkeiten auftreten. Über die speziellen Daten der Bohrungen orientiert Tab. 1. Die Lage der Ansatzpunkte ist aus Abb. 1 ersichtlich. Bei der Wahl der Ansatzpunkte konnte nicht allein von lagerstättengenetischen Gesichtspunkten, sondern mußte auch von der Lage der bereits vorhandenen Untertageaufschlüsse ausgegangen werden.

Petrographische und erzparagenetische Untersuchungen des durchteuften Gesteinskomplexes

Die petrographische Bearbeitung des Bohrkernmaterials war besonders auf die Beantwortung folgender Fragen ausgerichtet:

1. Welche petrographischen Merkmale kennzeichnen den Freiberger Pluton?
2. Lassen sich bei Nichterreichung des Plutons auf Grund von Gefüge- und Mineralbestand des Gneises bei zunehmender Teufe Anzeichen einer thermischen Kontaktwirkung erkennen und daraus Rückschlüsse auf die Tiefenlage des Plutons ziehen?
3. Setzt sich der von GOTTE (1956) beschriebene Granatglimmerschieferhorizont nach der Teufe zu fort?
4. Wie verhalten sich die Paragenesen in den Gangspalten mit zunehmender Teufe, und welche wirtschaftlichen und lagerstättengenetischen Folgerungen ergeben sich daraus?

Obwohl die geologischen Forderungen durch die Bohrtechnik wenigstens zum Teil erfüllt wurden, konnte doch mit keiner der Tiefbohrungen der vermutliche

Pluton erreicht werden. Daher sind auch über seine absolute Tiefenlage noch keine exakten Aussagen möglich. Im Süden des Lagerstättenbezirkes (Revier Himmelsfürst) liegt der Pluton auf jeden Fall tiefer als 1830 m unter der Erdoberfläche; im Zentralteil (Revier Himmelfahrt), wo die höchste Granitaufwölbung vermutet wird, tiefer als 1320 m.

Die Gänge des Freiberger Lagerstättenbezirkes setzen im wesentlichen im sogenannten Freiberger Kerngneis (unterer Graugneis), einem hochmetamorphen Paragestein, auf. Dieser Kerngneis ist ein Biotitgneis granodioritischer Zusammensetzung und besteht vorwiegend aus Biotit, Oligoklas, Orthoklas und Quarz. Als Übergemengteile und Akzessorien treten Muskowit, Apatit, Epidot, Granat, Hornblende, Rutil, Anatas, Titanit, Turmalin, Zirkon, Magnetit, Hämatit und Pyrit auf. Auf Grund der verschiedenen Ausbildung des Gefüges und gewisser Schwankungen im Mineralbestand lassen sich einige Gneisvarietäten aushalten, so der im wesentlichen körnig bis flaserige Freiberger Normalgneis, der mehr körnige Brander Gneis, der feldspatreichere, lagenförmig-schuppige Himmelsfürster Gneis und der glimmerreiche, grobflaserige Wegefarther Gneis. Jedoch sind die Übergänge zwischen den genannten Varietäten fließend und nicht unbedingt auf die durch den Namen gekennzeichneten Gebiete beschränkt.

Der Ansatzpunkt der Tiefbohrungen T 1 bzw. ET 1 (Abb. 1) befindet sich im Freiberger Normalgneis. Dieses auch im gesamten Bohrprofil anstehende Gestein ist durch seine außerordentliche Eintönigkeit hinsichtlich Mineralbestand und Gefüge gekennzeichnet. Bis etwa 400 m Bohrteufe schalten sich lediglich einzelne etwa 0,2 bis max. 4 m mächtige, quarz- und muskowitreiche Gneispartien ein. In den letzten Bohrmetern finden sich einige, vorwiegend aus Hornblende und chloritisiertem Biotit bestehende amphibolitische Lagen, die etwa 0,2—1 m mächtig sind. Das durchbohrte Gestein ist durch eine Vielzahl von Klüften ausgezeichnet. Lokale Veränderungen im Mineralbestand des Gneises lassen sich auf hydrothermale Beeinflussung zurückführen. Darunter fällt insbesondere die Umwandlung der Feldspatsubstanz zu Serizit, Kaolinit und Karbonaten und die des Biotit zu Chlorit, wobei Titan als Rutil in Form von Sagenitnädelchen fixiert und zusätzliches Eisen als wolkig-diffuse Eisenoxydhydrate ausgeschieden werden. Die Intensität der hydrothermalen Zersetzung ist abhängig von der Klüftigkeit des Gesteins. Da der gesamte Gneiskomplex relativ stark zerklüftet ist, finden sich praktisch im gesamten Teufenbereich der Bohrungen obengenannte hydrothermale Umwandlungsprodukte.

Eingehende mikroskopische Untersuchungen, vor allem des Kernes aus den tiefsten Teilen der Bohrung ET 1, ergaben, daß praktisch keine Anzeichen einer thermischen Kontaktwirkung im Gneis vorliegen.

Besonderer Wert wurde bei der Untersuchung des Kernmaterials auf vorhandene Gangspalten gelegt. Die Bohrung ET 1 durchteufte auf 789,7 m insgesamt 15, im Durchschnitt etwa 10 cm mächtige mineralisierte Trümer und vier bedeutendere, gleichfalls schwach mineralisierte Ruschelzonen mit scheinbarer Mächtigkeit zwischen 2 und 20 m.

Die Gangfüllung der angetroffenen Trümer bestand vorwiegend aus den hochthermalen Paragenesen der kiesig-blendigen Bleierzformation (kb), die Arsenkies, Pyrit (Abfolge I) und Zinkblende, Kupferkies (Abfolge II) mit Quarz als Gangart führen. In untergeordneten Mengen tritt auch noch Bleiglanz (Abfolge III) auf. Innerhalb einer 20 m mächtigen Ruschelzone fand sich bei 269 m ein Gangtrum mit Barytführung. Auf Grund seiner intensiven Rotfärbung durch Hämatiteinlagerungen läßt sich der Baryt der Roteisen-Baryt-Formation (eba) zuordnen. Karbonatische Paragenesen aus der Edlen-Braunspat-Formation (eb) konnten nur sehr vereinzelt, immer aber ohne Erzmineralinhalt, festgestellt werden.

Der Ansatzpunkt der Tiefbohrung T 2 befindet sich im Himmelsfürster Biotitgneis. Die Tiefbohrung T 3 wurde im quarzreichen, zum Teil plattigen Muskowitgneis, der bei Vorherrschen des Quarzes auch als „Quarzit“ bezeichnet wird, angesetzt. Die Bohrprofile der beiden genannten Tiefbohrungen ähneln sich außerordentlich. Auf Grund der nach Westen flach ansteigenden mit etwa 110° streichenden Faltenachse des Kristallins, ersichtlich aus der Lagerung des bereits von GOTTE (1956) beschriebenen Granatglimmerschieferhorizontes, und des um 60 m tieferen Ansatzpunktes der T 3 ergibt sich eine Verschiebung des T-3-Profils gegenüber dem von T 2 um ca. 80 m, d. h., mit der T-3-Bohrung wurde ein tieferer Aufschluß des Kristallins erreicht.

Daten der im Raum Freiberg in den Jahren 1955 bis 1958 durchgeführten Tiefbohrungen

Nr.	Ansatzpunkt	Endteufe unter Ansatzpunkt (m)	Endteufe unter Hängebank (m)	Gerätetyp	End-durchmesser (mm)	Durchschnittlicher Kerngewinn (%)
T 1/55	Grube „Reiche Zeche“, 13. Gezstr., im Querschlag zum Schwarzen Hirsch-Steh., 320 m westl. vom Erzengel Steh. (eingestellt wegen techn. Schwierigkeiten)	482,8	1110	CrS SBA 10	–	82,8
ET 1/55 (Ersatzbohrung der T 1)	Grube „Reiche Zeche“, 13. Gezstr., im Querschlag zum Schwarzen Hirsch-Steh., 320 m westl. vom Erzengel Steh. (eingestellt wegen techn. Schwierigkeiten)	789,7	1317	CrS SU – W3	108	92,5
T 2/56	Grube „Himmelsfürst“, 15. Gezstr. am Schweinskopf-Fl., 75 m südl. vom Samuel Steh.	1145,2	1745	CrS SU – W3	96	96,5
T 3/56	Grube „Himmelsfürst“, 1/2 17. Gezstr., im Stichquerschlag vom Silberfund Steh., 150 m südl. des Hauptquerschlages vom Glückauf-Schacht	1166,1	1826	CrS SBA 10 und SU – W3	86	94,5

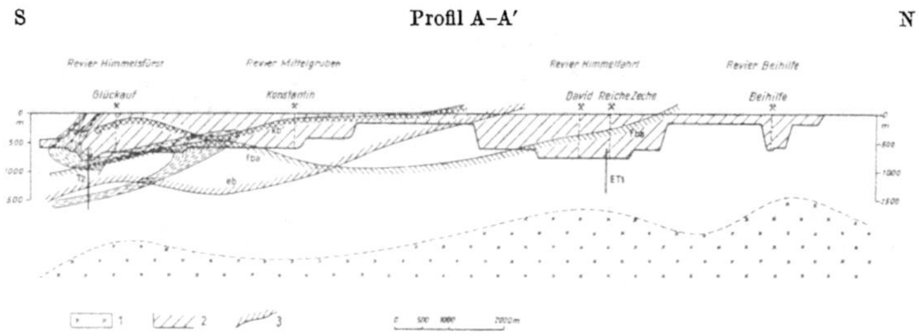

Abb. 2. Schematisches N—S-Profil durch den Freiberger Lagerstättenbezirk
1 — Granit, 2 — Grubenbaue, 3 — Begrenzung einzelner Formationen

Die Bohrung T 2 durchteufte bis 144 m mittelkörnigen, zum Teil auch flaserigen Biotitgneis, in dem quarzreiche Muskowitgneispartien eingeschaltet sind. Diese Wechsellagerung von Biotit- und Muskowitgneis schließt mit einem 21 m mächtigen quarzreichen Muskowitgneishorizont ab, dem sich bis 397 m Granatglimmerschiefer anschließt. Zwischen 338 und 357 m ist diesem ein glimmerreicher Zweiglimmergneis eingelagert.

Der Granatglimmerschiefer besteht im wesentlichen aus Quarz und Muskowit, denen in wechselnder Menge Almandin beigesellt ist. Untergeordnet treten Biotit, Albit und Orthoklas auf. Almandin zersetzt sich, im wesentlich von Rissen aus, zum Teil in Chlorit, Biotit und Kalzit; eine Erscheinung, die gleichfalls auf hydrothermale Beeinflussung zurückzuführen ist.

Der Zweiglimmergneis führt neben Biotit reichlich Muskowit, in geringen Mengen gleichfalls Granat. Sowohl im Granatglimmerschiefer als auch im Zweiglimmergneis treten blastische Albite auf, ein Merkmal, welches für beide Gesteine typisch ist.

Von 397—845 m schließt sich unter dem Granatglimmerschiefer wiederum Biotitgneis an, der hier glimmerreich ist und eine schuppig-flaserige Textur besitzt. Dem Biotitgneis sind zwischen 815 bis 824 m einige, zwischen 0,6 und 1,7 m mächtige Amphibolitlagen eingeschaltet.

Unter dem Biotitgneis folgt bis 962 m Granatglimmerschiefer in einer Ausbildung, wie bereits vom oberen Teil des Profils beschrieben. Auch eine schon im oberen Horizont aufgetretene Zweiglimmergneislage ist hier vorhanden. Das durch die Grubenaufschlüsse bereits vermutete Wiederabtauchen des Granatglimmerschiefers im Bereich der Mittelgruben konnte durch das nochmalige Antreffen des petrographisch gleich ausgebildeten Granatglimmerschieferhorizontes in den Tiefbohrungen des Himmelsfürster Gebietes bewiesen werden (Abb. 2 und 3).

Bis zur Endteufe wurde normal ausgebildeter Biotitgneis angetroffen, der allerdings gegenüber anderen Varietäten relativ große, zum Teil durch Hämatit rot gefärbte Orthoklasindividuen führt. Bei 1080 und 1115 m sind dem Biotitgneis wiederum geringmächtige Amphibolitlagen eingeschaltet, bei 1057 m durchsetzt das Gestein ein 0,8 m mächtiger Kersantitgang.

Wie bereits betont, zeigt das Profil der T 3 gegenüber dem ebenbeschriebenen keine wesentlichen Unterschiede. Es muß lediglich darauf hingewiesen werden, daß im unteren Teil des in geringer Bohrteufe aufgeschlossenen Granatglimmerschieferhorizontes z w e i Zweiglimmergneislagen auftreten, die sich dann auch im liegenden Schenkel des Granatglimmerschiefers, und zwar dort mit wesentlich größerer Mächtigkeit, wiederfinden (Abb. 3).

Die bereits in den Bohrungen T 1 und ET 1 beobachteten hydrothermalen Umwandlungserscheinungen, besonders des Feldspats und Biotits, konnten auch in diesen Bohrungen festgestellt werden. Hervorzuheben ist, daß die blastischen Albite im Granatglimmerschiefer und im Zweiglimmergneis praktisch nicht angegriffen werden. Eine intensive Durchmusterung des Schliffmaterials von den tiefsten aufgeschlossenen Gneispartien der T 2 und T 3 ließ erkennen, daß auch hier keine kontaktmetamorphen Veränderungen, hervorgerufen durch den intrudierten Granit, vor sich gegangen sind.

Die Bohrung T 2 durchteufte auf 1145,2 m insgesamt 35 im Durchschnitt 10—20 cm mächtige, mineralisierte Trümer und einige mächtigere, zum Teil gleichfalls mineralisierte Gang- bzw. Ruschelzonen. Die paragenetische Untersuchung der angetroffenen Gangtrümer ergab das Auftreten der I. und II. Abfolge der kb-Formation im g e s a m t e n Teufenbereich. Eine Bleiglanzführung der Trümer konnte bis max. 500 m beobachtet werden. Auffällig erscheint, daß die karbonatführenden tauben Gangwurzeln der eb-Formation im Profil noch t i e f e r hinabreichen, eine Beobachtung, die bei der Auswertung des nur „zweidimensionalen" Aufschlusses allerdings nicht überbewertet werden darf.

Offenbar hängt mit dem Auftreten der Karbonate die Umwandlung des Magnetkieses der kb-Formation in Pyrit und Markasit eng zusammen (BAUMANN 1958). Es zeigt sich, daß mit dem Zurücktreten der Karbonate nach der Teufe der stabil gebliebene Magnetkiesanteil in auffälliger Weise zunimmt. Da die karbonatabsetzenden Lösungen diese Spalten zweifellos mit als Aufstiegsweg benutzten, ist anzunehmen, daß die physiko-chemischen Bedingungen (also p, t, c, p_H und E_h) der Hydrothermen jener Periode eine Umwandlung des Magnetkieses nicht zuließen.

In dem unteren Teufenbereich der Bohrung herrscht die Paragenesis Pyrit—Magnetkies—Kupferkies—Quarz

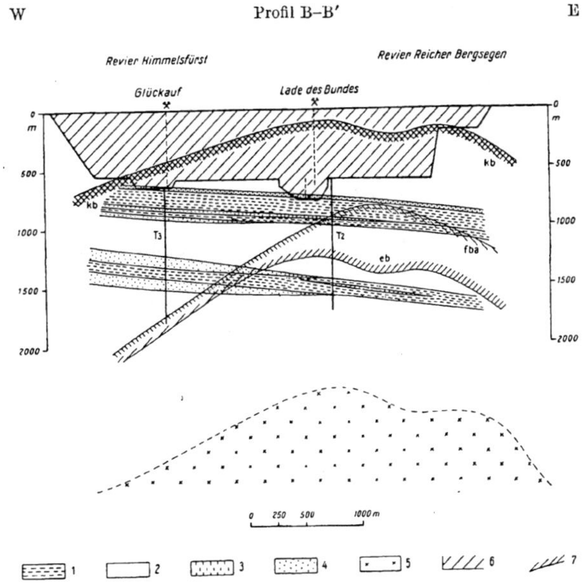

Abb. 3. Schematisches E—W-Profil durch den südlichen Teil des Freiberger Lagerstättenbezirkes
1 — Granatglimmerschiefer, 2 — Brander und Himmelsfürster Biotitgneis, 3 — Quarzreicher Muskowitgneis, 4 — Zweiglimmergneis, 5 — Granit, 6 — Grubenbaue, 7 — Begrenzung einzelner Formationen

vor; Arsenkies tritt hier zurück, die relativ starke Kupferkiesführung ist bemerkenswert. Über die obengenannte Gangtrümeranzahl hinaus treten ab 500 m mehr und mehr feinste Magnetkies-Pyrit-Kupferkies-Trümchen auf, von denen aus auch das Nebengestein zum Teil intensiv imprägniert wird. Allerdings sei auch auf das vereinzelte Auftreten von nicht epigenetisch zugeführtem Pyrit und Magnetkies im Kristallin hingewiesen.

Besonders wichtig erscheint der Umstand, daß ab einer Teufe von 300 m die Paragenesen der fluorbarytischen Bleierzformation (fba) mit Baryt und Bleiglanz auftreten. Diese fba-Trümer konnten bis zur Endteufe der Bohrung nachgewiesen werden, wobei die bekannte Zunahme von Fluorit und Quarz mit der Teufe (primärer Fazieswechsel) bei steter Anwesenheit von Bleiglanz ausgezeichnet zu verfolgen war.

Die Bohrung T 3 durchteufte auf 1166,1 m insgesamt 20 im Durchschnitt etwa 10 cm mächtige, mineralisierte Trümer und einige, zum Teil bis 4 m mächtige, gleichfalls mineralisierte Gang- bzw. Ruschelzonen.

Im Gegensatz zur T 2 reichen hier die gesamten Abfolgen der kb-Paragenesen und auch die tauben, nur mit Karbonaten mineralisierten Gangwurzeln der eb-Formation über den gesamten aufgeschlossenen Teufenbereich. Hervorzuheben ist, daß auch Bleiglanz noch in den tiefsten aufgeschlossenen Gangtrümern aufgefunden wurde. Allerdings nimmt ab 750 m die kiesige Paragenese der kb-Formation stark zu, und die eb-Karbonate treten zurück. Paragenesen aus der fba-Formation konnten im durchteuften Profil nirgends beobachtet werden. Dies ist erklärbar, da mit der Bohrung T 3 ein wesentlich höheres Lagerstättenniveau als mit der T 2 aufgeschlossen wurde. Ein Vergleich beider Bohrungen, kombiniert mit den Grubenaufschlüssen, ergibt ein Eintauchen der Paragenesen nach Westen in einem derartigen Ausmaß, daß in der 1500 m weiter westlich angesetzten Bohrung T 3 in gleicher Tiefe unter der Erdoberfläche ein etwa um 400—600 m höheres Lagerstättenniveau vorliegt.

Diese Angaben über die Paragenesenverteilung enthalten einen gewissen Unsicherheitsfaktor, da neben der Abhängigkeit der Paragenesen von der Teufe in Freiberg bekanntermaßen auch eine Abhängigkeit vom Streichen der Gangspalten vorhanden ist und die Streichrichtung der durchteuften Gangtrümer an Hand des Bohrkernmaterials nicht zu bestimmen war. Weiterhin muß darauf hingewiesen werden, daß sämtliche Bohrungen aus technischen Gründen nach Möglichkeit in Gebieten angesetzt wurden, die gangspaltenarm erschienen. Bohrungen in gangspaltenreichen Gebieten hätten sicher noch eine genauere Abgrenzung der Paragenesen gebracht. Daß trotzdem relativ viele Gangtrümer aufgefunden wurden, bestätigt die Vorstellung, daß vom Freiberger Pluton ganz bedeutende Restlösungsmengen, die auch in größerer Teufe noch zu beträchtlichen Mineralisationen geführt haben, entbunden wurden.

Diskussion der Ergebnisse

Obgleich die Tiefbohrungen den Freiberger Granit nicht erreichten, sind sie doch von Bedeutung, da sie unsere Vorstellungen über das Fortsetzen der Mineralisation nach der Teufe erheblich erweitern.

Als ein wichtiges Ergebnis kann herausgestellt werden, daß der erzbringende Pluton weit tiefer intrudierte als verschiedentlich angenommen wurde. Wir sind derselben Meinung wie SCHMIDT (1958), daß die von WATZNAUER (1954) als kontaktbedingte blastische Überholung des Gneisgefüges gedeuteten Querbiotite in unserem Falle nicht als Anzeichen eines nahen Granitkontaktes zu werten sind. Es ist SCHMIDT zuzustimmen, wenn er für diese Gefügeerscheinung, die wir übrigens in ähnlicher Form in verschiedenen Teufen gleichfalls beobachteten, Kristallisationsvorgänge verantwortlich macht, die mit der varistischen Kinetometamorphose zusammenhängen. Darüber hinaus haben Untersuchungen des unmittelbaren Nebengesteins des Niederbobritzschen Granites (unterer Graugneis) und des Ehrenfriedersdorfers Granitstockes (Gneisglimmerschiefer) ergeben, daß diese meso- bis katazonalen Gesteine gegen eine bloße Thermometamorphose offensichtlich außerordentlich resistent sind. Veränderungen, sowohl des Gefüges als besonders des chemischen und des Mineralbestandes, liegen nur dann vor, wenn mit den kontaktmetamorphen Vorgängen Stoffverschiebungen verbunden sind, die durch Migration zuerst fluider, dann hydrothermaler granitischer Restlösungen verursacht werden. Diese fluiden und hydrothermalen Nebengesteinsveränderungen stellen freilich kein absolutes Maß für die Nähe eines restlösungsabgebenden Plutons dar. Je nach Gang- bzw. Kluftdichte ist im Freiberger Gneis z. B. praktisch überall eine auf hydrothermale Prozesse zurückzuführende, häufig allerdings im Anfangsstadium stehengebliebene Zersetzung des Orthoklases und Oligoklases im Gneis zu beobachten.

Die erwähnte, von GOTTE erstmals festgestellte Albitblastese im Muskowitglimmerschiefer und Zweiglimmergneis kann, da sie nur an diese Gesteinskomplexe geknüpft ist, nicht als Folge einer Na-Zufuhr vom unterlagernden Granit aus angesehen, sondern muß — wie die Bildung von „Querbiotiten" — wahrscheinlich gleichfalls varistischen, kinetometamorphen Umbildungsprozessen besonders geeigneter, vielleicht primär bereits relativ Na-reicher Gesteine zugeschrieben werden.

Als Ergebnis der paragenetischen Untersuchungen der in den Bohrungen angetroffenen Erzgänge kann mitgeteilt werden, daß die von BAUMANN (1958) dargelegten Vorstellungen über die räumliche Verbreitung der für die Freiberger Vererzung wesentlichen Abfolgen (kb-, eb- und fba-Formation) auch für den mit den Bohrungen berührten Teufenbereich gelten. Das kb-Stockwerk im Revier Himmelfahrt reicht über alle Erwartungen hinaus weit in die Tiefe, die Kiesparagenese tritt allerdings dabei immer mehr in den Vordergrund. Im Revier Himmelsfürst setzt das kb-Stockwerk, welches vertikal eine ähnliche Ausdehnung besitzen wird wie im Revier Himmelfahrt, gleichfalls außerordentlich tief hinab, wahrscheinlich noch tiefer als im Bereich der Grube Himmelfahrt, da die kb-Paragenesen hier nicht über Tag ausstreichen. Wie bereits betont, ist im Westteil des Revieres Himmelsfürst ein wesentlich höheres Lagerstättenniveau angeschnitten als im Mittelteil (Abb. 3).

Die obere Begrenzung der fba-Formation geht im Revier Himmelsfürst etwa der der kb und eb parallel; allerdings setzen die fba-Paragenesen erst tiefer ein als die der kb. Das gleiche Bild ergibt sich für das Revier Himmelfahrt. Der vertikale Abstand der beiden Formationsgrenzen erscheint hier noch größer.

Die in den Abb. 2 und 3 eingezeichneten Grenzen der vertikalen Verbreitung von drei Freiberger Gangformationen (obere Grenze der kb und fba, untere Grenze der eb) — zu ihrer Darstellung wurden die Ergebnisse von BAUMANN (1958) mit verwendet — vermitteln nur ein sehr schematisches Bild.

Dies liegt vor allem daran, daß es nur schwer möglich ist, Gesetzmäßigkeiten, wie eine dreidimensionale Paragenesenverteilung, die von mehreren Veränderlichen (Abstand vom Restlösungsherd ≙ Isothermalbereich und von der Streichrichtung der zur gegebenen Zeit geöffneten Spalten) abhängen, gut in einer Ebene abzubilden. Hinzu kommt noch, daß eine exakte Grenze — besonders in einem Profil — natürlich nicht existiert. Man kann nur von einem Grenzbereich sprechen, der sich, da die Abhängigkeit der Paragenesen vom Gangstreichen noch hinzu kommt, bis über einige 100 m erstreckt. Schließlich muß bemerkt werden, daß die gegebene untere Begrenzung der eb-Paragenesen nur etwa die Grenze der eb-Mineralisation widerspiegelt. Weitere Karbonattrümchen, die zweifellos gleichfalls zu den Abfolgen der eb zu rechnen sind, setzen in vielen Fällen in noch größeren Teufen als den in Abb. 2 und 3 angegebenen auf. Wenn man allerdings berücksichtigt, daß Lagerstätten, die auf magmatische Restlösungen zurückzuführen sind, nicht in einem Akt entstehen, sondern entsprechend den Erstarrungsvorgängen des Magmas in einer auch geologisch relativ langen Zeit gebildet wurden (wobei ein oder mehrere Hauptbildungsstadien nicht in Abrede gestellt werden), dann erscheint über die erkannten allgemeinen Regelmäßigkeiten hinaus, entsprechend dem ständigen Zurückweichen der Isothermallinien, ein Abweichen des Mineralauftretens von diesen Regelmäßigkeiten im einzelnen durchaus gegeben und normal.

Im Zusammenhang mit der Frage der Verbreitung der Freiberger Formationen in Abhängigkeit von der Teufe und dem Gangstreichen steht das Problem, ob die einzelnen Mineralisationsfolgen (kb-, eba-, eb-, fba-Formation und Edle Geschicke) als in ununterbrochenem Ablauf ausgeschiedene Paragenesen angesehen werden können oder ob nicht Kriterien vorhanden sind, die darauf deuten, daß gewisse Formationen genetisch stärker aneinander gebunden und von anderen zu trennen sind. Wichtig erscheint hierbei, auf Kriterien zu achten, die sich aus dem gangtektonischen Bild und vor allem aus den Mineralparagenesen ergeben, welche in einem bestimmten Maße die physiko-chemischen Verhältnisse der Hydrothermen in den einzelnen Stadien widerspiegeln. Das aufgezeigte Problem ist nicht neu; Beiträge zur Klärung dieses Fragenkomplexes wurden schon von mehreren Autoren geliefert. So versuchte der eine der Verf. (TISCHENDORF 1955a, 1955b) auf Grund der Arsen- und Antimonverteilung in den Paragenesen eine Lösung, der andere (KRAFT 1959) mit Hilfe gitterenergetischer Berechnungen. BAUMANN (1958) kam zu der Schlußfolgerung, daß es sich im Freiberger Zentralteil um eine einheitliche, nicht zu unterteilende Mineralisation handele. OELSNER (1958) schlägt im Rahmen einer Betrachtung der Vererzung des gesamten Erzgebirges vor, von zwei Zyklen zu sprechen: einem älteren mit der Sn-W- und der darauffolgenden kb-Vererzung und einem jüngeren, zu dem die Abfolgen der eba-, fba-, Bi-Co-Ni-Formation und der sich anschließenden Silberparagenese gehören. Eine wirklich zufriedenstellende Klärung des Problems erfolgte bislang noch nicht. Eine weitere Diskussion darüber erscheint notwendig, da auch die zum Teil unmittelbar damit zusammenhängenden Fragen einer primären oder sekundären Sulfidführung der fba-Formation z. B. für den Ansatz weiterer Erkundungsarbeiten einige Bedeutung haben.

BAUMANN (1958) kommt im Zusammenhang mit der Feststellung, daß es sich im Freiberger Zentralgebiet um eine einheitliche, zusammengehörige Mineralisationsfolge handelt, zu der Schlußfolgerung, daß auch nur eine primär-hydrothermale Zink-Blei-Phase, nämlich die der kb-Formation, vorliege und daß alle jüngeren, mengenmäßig zum Teil auch bedeutenden Zink-Blei-Ausscheidungen der eb, fba und der Edlen Geschicke aus den kb-Paragenesen umgelagert sind. Der sekundär-hydrothermale Charakter eines Teiles der eb-Vererzung ist offensichtlich. So einleuchtend zunächst auch manche Überlegungen für eine ähnliche Genesis der fba-Erzmineralien sind (z. B. die Feststellung, daß im Erzgebirge fba-Paragenesen nur dort Bleiglanz führen, wo auch gleichzeitig die kb-Formation aufsetzt, und die anomale Kationenfolge der fba in Freiberg), sprechen doch hier einige Tatsachen dagegen.

BAUMANN leitet seine Schlußfolgerungen im wesentlichen davon ab, daß die kb-Paragenesen auf den Gangspalten mit der Teufe von der N—S- in die W—E-Richtung eindrehen. Dieses Eindrehen erscheint unbedingt notwendig, will man eine Mobilisation des kb-Erzinhaltes durch jüngere fba-Lösungen, deren Ausscheidungen in oberen Teufen auf etwa WNW—ESE streichenden Gängen sitzen, annehmen, da für die Mobilisationsvorgänge eine relativ große Berührungsfläche der fba-Lösungen mit den kb-Paragenesen vorhanden sein muß.

Die Annahme eines Eindrehens der kb-Vererzung nach der Teufe bis in die W—E-Richtung ist bis jetzt wenig begründet. Vielmehr scheinen die kb- und eb-Formationen auf Spalten zu sitzen, die vom Gangstreichen 50° entgegen dem Uhrzeigersinn über N—S nach der Teufe zu nur bis etwa 305° eindrehen, und die fba-Paragenesen auf zwischen 325—260° streichenden Spalten aufzutreten. Somit überlappen sich die beiden Paragenesen nur geringfügig. Auffällig ist dabei, daß die bleireichste Abfolge der fba-Formation, das Weiche Trum, gerade auf Spalten sitzt, die im Mittel unter 305° streichen; eine Streichrichtung, in der in der Teufe (falls überhaupt) ausschließlich die kiesige Abfolge der kb-Formation auftreten müßte. Auf diese Diskrepanz haben in jüngster Zeit auch GOTTE & RICHTER (1960) hingewiesen. Gegen die Annahme einer Mobilisation der fba-Erzmineralien aus kb-Paragenesen spricht weiterhin die noch notwendige Forderung, daß nicht nur die N—S- und W—E-Spalten für den Absatz der kb-Formation zur selben Zeit über einen bedeutenden Teufenbereich geöffnet sein mußten, sondern daß auch z. B. das Bleiglanzstockwerk der kb über ganz enorme, recht unwahrscheinliche Teufen ausgehalten haben muß.

Es darf nicht übersehen werden, daß die in der fba-Formation vorhandenen Mengen an Kupferkies, Zinkblende und besonders an Bleiglanz relativ bedeutend sind, daß z. B. die Schüttung an Pb/m^2 Gangfläche der fba ganz erheblich über der der kb liegt; eine Tatsache, die offensichtlich gleichfalls gegen eine Mobilisation spricht. Sowohl zum Bezug des Bleies für den Bleiglanz des Halsbrückener Spates und des Drei Prinzen Spates im Beihilfe-Kurprinzer Revier als auch des Owo Spates im Bereich der Mittelgruben mußten in den betreffenden Revieren in großer Teufe reiche, im Streichen und besonders auch im Einfallen weit anhaltende kb-Bleivererzungen aufgesessen haben; eine Vorstellung, der von lagerstättenkundlicher Seite her nur schwer zu folgen ist. GOTTE & RICHTER (1960) führen zur selben Sache u. a. die reiche Bleiglanzführung des Clementine-Spates, eines fba-Ganges bei Schönborn nahe Mittweida, an und verweisen mit Recht darauf, daß der Bleiinhalt auf Grund der dortigen lagerstättenkundlichen Verhältnisse unmöglich aus eq-(Edle Quarzformation) oder kb-Gängen zu mobilisieren sei, sondern einen primären Absatz darstelle.

Außerdem waren bis jetzt in fba-Paragenesen praktisch noch keine kb-eb-Verdrängungsreste zu diagnostizieren. Diese wären mit zunehmender Teufe aber zu erwarten, da gefolgert werden kann, daß der Chemismus der fba-Lösungen wohl ähnlich war dem der Lösungen, aus welchen die ältere Roteisen-Baryt-Formation abgeschieden wurde. Diese korrodierten die kb-Paragenesen wirklich stark, hinterließen allerdings auch entsprechende Verdrängungsreste.

In diesem Zusammenhang spielt natürlich auch eine Rolle, ob die Quarzgenerationen der fba-Formationen primäre Absätze darstellen oder Umlagerungen. Da die bedeutenden fba-Quarzmengen offensichtlich nicht aus kb-Ansätzen zu beziehen sind, SiO_2-abscheidende Lösungen aber nicht oder je nach dem Sättigungsgrad nur ganz untergeordnet imstande sind, an anderen Stellen SiO_2 zu lösen, entfallen auch hier die Argumente für eine sekundäre Abscheidung.

Es ist BAUMANN (1958) ohne Zweifel zuzustimmen, wenn er auf Grund ihrer Verbreitung die kb-Formation in Freiberg als Haupterzmineralträger ansieht. Aus dem oben Dargelegten muß allerdings gefolgert werden, daß es sich bei den Erzmineralien der fba-Formation gleichfalls um primär-aszendente Ausscheidungen handelt. Dies wurde in älteren Arbeiten auch nie bezweifelt. Die Verquickung der bleiführenden fba-Formation mit der bleiführenden kb in anderen Bezirken des Erzgebirges kann erklärt werden, wenn man für die Restlösungen der betreffenden Magmen generellen Bleireichtum annimmt. Die speziell in der Paragenesis des Halsbrückener Spates in Freiberg beobachtete anomale Erzmineralfolge (Tetraedrit — Zinkblende, Bleiglanz — Pyrit, Markasit mit durchgehendem Kupferkies) muß auf bestimmte, uns noch nicht näher bekannte physiko-chemische Bedingungen der hydrothermalen Lösungen zurückgeführt werden, ohne daß die Annahme einer Mobilisation in Anwendung gebracht zu werden braucht.

BAUMANN gelangt nach Feststellung, daß es sich bei den fünf Freiberger Gangerzformationen (kb, eba, eb, fba, Edle Geschicke) um eine einheitliche, zusammengehörige Mineralisationsfolge handelt, zu der Überzeugung, daß alle fünf Formationen durch eine ausgeprägte Gangtektonik ineinander geschoben (teleskopiert) wurden und daß praktisch auf den Gängen des im Mittel WNW—ESE streichenden s_2-Systems alle fünf Formationen aufsetzen, die kb in größerer Teufe, die fba und die Edlen Geschicke in geringerer. Wie sich bei der Diskussion um die primäre oder sekundäre Bleiglanzführung der fba-Formation zeigen ließ, ist ein Bezug des Bleies aus kb-Paragenesen unwahrscheinlich; berücksichtigt man sowohl tektonische als auch paragenetische Fakten, so ergibt sich zusätzlich ein weit größerer Hiatus zwischen dem Ende der eb-Abscheidungen und dem Beginn der fba-Absätze als zwischen den anderen Formationen. Da die eb-Paragenesen stets mit Kalkspat, Pyrargyrit, Silberglanz und gediegen Silber enden und da die dann noch verbleibenden Drusenhohlräume nicht ausgefüllt wurden, vor allem nicht mit fba-Schwerspat, wird deutlich, daß selbst die letzten Reste der eb-absetzenden Hydrothermen zu denen der fba keinerlei Beziehung hatten. Zu Vorgenanntem kommt noch, daß nach allen lagerstättenkundlichen Vorstellungen die epithermalen, auf N—S streichenden Gängen sitzenden eb-Endparagenesen mit Sicherheit kühlere Bildungen darstellen als die mesothermalen, auf E—W-Gängen abgeschiedenen Anfangsparagenesen der fba. Entgegen BAUMANN läßt sich diese Erscheinung nicht als Rejuvenation im Sinne SCHNEIDERHÖHNS (1941) auffassen, welche an einem bestimmten Ort ein Ansteigen und Wiederabklingen der Temperatur als normale Folge bei Intrusion eines Magmas zugesteht. Deuten wir die Freiberger paragenetischen Verhältnisse richtig, so läßt sich hier nach einem (allerdings noch nicht beobachteten) Ansteigen ein Abklingen der Temperaturen im Zuge der kb-eba-eb-Ausscheidungen erkennen, sodann aber ein nochmaliges Wiederansteigen und Abklingen im Verlaufe der fba- und Edlen-Geschicke-Absätze.[1])

Eine ähnliche Zweiteilung der Formationen in kb-eba-eb und fba-Edle Geschicke ergibt sich aus ihrer vertikalen Verteilung. Die Absätze der kb, eba und eb sind entsprechend den Gesetzmäßigkeiten eines normalen primären Teufenunterschiedes angeordnet; die Paragenesen der fba-Formation und der Formation der Edlen Geschicke verhalten sich gleichermaßen, nur mit dem Unterschied, daß die zweite Formationsgruppe nicht an die erste anschließt, sondern nach der Teufe zu erheblich versetzt ist. Diese Erscheinung läßt sich im Himmelfarther Revier erkennen, wo die fba-Paragenesen viel tiefer als die der kb einsetzen; äquivalente Verhältnisse finden sich im Revier Himmelsfürst (siehe Abb. 2 und 3). In auffälliger Weise wird dieses tiefere Aufsetzen der jüngeren Formationsgruppe im Falle der Gangführung des Riemer Spates dokumentiert; hier wurden die Paragenesen der eba in geringer, die der fba aber in größerer Teufe abgeschieden.

Da es sich bei den Absätzen der kb-Formation auf Grund ihrer Bildungstemperatur zweifellos um granitnähere Bildungen handelt als bei denen der fba, kann nur darauf geschlossen werden, daß das restlösungsabgebende Magma, dem die fba-Ausscheidungen genetisch zugeordnet sind, bedeutend tiefer gesessen hat als jenes der kb. Man mag die Ansicht vertreten, daß dieses Zurückverlegen des Magmenzentrums auf normale Weise durch den nach der Teufe zu fortschreitenden Erstarrungsprozeß des Magmas zu erklären sei. Auf Grund der stofflichen Verschiedenheit der beiden Formationsgruppen erscheint uns ein Herleiten der hydrothermalen Lösungen aus verschiedenen Teufen eines Magmenkörpers nicht gut möglich, da hiergegen dessen a priori anzunehmende stoffliche Homogenität spricht. Die genannten Tatsachen und die sich hieran anschließenden Überlegungen lassen nur folgende Annahme zu: Die Ausscheidungen der fba- und der Edlen-Geschicke-Paragenesen sind aus Restlösungen eines zweiten Freiberger Granites, d. h. eines granitischen Nachschubes, herzuleiten. Hieraus ergeben sich die höheren Abscheidungstemperaturen der fba-Erstparagenesen gegenüber den niederen der eb-Endparagenesen und der stärkere gangtektonische Hiatus.

Derartige Rejuvenationen sind nach BERG (1928), aber auch nach SCHNEIDERHÖHN & BORCHERT (1956) nur

[1]) Es darf nicht unberücksichtigt gelassen werden, daß möglicherweise sowohl innerhalb der älteren als auch innerhalb der jüngeren Formationsgruppe zusätzlich ein gewisses Hin- und Herpendeln der Lösungstemperatur vorhanden war; z. B. kann mit Beginn der eba- und auch der Edlen-Geschicke-Ausscheidungen durchaus mit Temperaturerhöhungen gerechnet werden. Diese Temperaturerhöhungen stellen allerdings keine Rejuvenationen, weder im Sinne BERGs noch im Sinne SCHNEIDERHÖHNS, dar. Sie können — bezogen auf Paragenesen, die bei verschiedenen Temperaturen abgesetzt wurden — zurückgeführt werden auf Zirkulation unterschiedlicher Restlösungsmengen mit natürlich unterschiedlichem Wärmeinhalt und auf gleichfalls unterschiedliche Fließgeschwindigkeiten. Es ist leicht einzusehen, daß bei konstanter Ausgangstemperatur und konstantem Ausgangsort eine große Hydrothermenmenge mit großer Fließgeschwindigkeit nach einem bestimmten Weg eine höhere Temperatur besitzt als eine Lösung mit geringem Volumen und geringerer Fließgeschwindigkeit, vorausgesetzt, daß die Temperatur der Hydrothermen größer war als die des Nebengesteins. Treten stärkere tektonische Bewegungen auf den Gangspalten auf, so besteht auch die Möglichkeit, daß vom Nebengestein aus Wärme an die Hydrothermen abgegeben wird und eine Temperaturerhöhung der Lösungen erfolgt.

durch wirkliche Magmennachschübe zu erklären. Auch einer der Verfasser (TISCHENDORF 1955a) dachte bereits 1955 an eine Herleitung der fba- und der Edlen-Geschicke-Paragenesen von einem granitischen Nachschub, ließ diese Frage jedoch mangels näherer Unterlagen damals offen.

GOTTE & RICHTER (1960) kommen auf Grund ihrer Untersuchungen gleichfalls zu dem Schluß, daß die fba-Gänge und die Absätze der Edlen Geschicke einem jüngeren granitischen Nachschub zuzuordnen sind, wobei sie nicht unberechtigt darauf hinweisen, daß auch die generelle räumliche Anordnung der beiden Formationsgruppen, nämlich der älteren (kb-eba-eb) in einem NNE—SSW gerichteten Streifen, der jüngeren (fba-Edle Geschicke) in einem etwa NW—SE verlaufenden, auf eine Zweiteilung der Formationen und damit auch auf die Hauptverbreitungsgebiete des älteren und des wenig jüngeren Granites aufmerksam macht. Da sich das fba- und Edle-Geschicke-Stockwerk im Grubenrevier Beihilfe am weitesten heraushebt, besteht Grund zu der Annahme, daß im Beihilfer Gebiet der zweite Freiberger Granit am höchsten intrudiert und dort mit Tiefbohrungen auch am ehesten zu erreichen ist.

Zusammenfassung

Einleitend wird kurz der Erkenntnisstand der lagerstättenkundlichen Situation im Raum Freiberg und die Aufgabenstellung der in den Jahren 1955 bis 1958 durchgeführten drei Tiefbohrungen dargelegt. Daran anschließend erfolgt die Beschreibung des in den Bohrungen durchteuften Gesteinskomplexes und der angetroffenen Erzgänge. In der Diskussion werden die derzeitigen lagerstättengenetischen Vorstellungen analysiert und darauf verwiesen, daß die Erzminerale der fba-Formation primäre Ausscheidungen darstellen und die Mineralisation der fba- und Edlen-Geschicke-Paragenesen auf Grund ihrer räumlichen Anordnung und Bildungstemperaturen einem zweiten Freiberger Granit zugeordnet werden müssen.

Резюме

Вступительно говорится коротко о состоянии познаний в положении разведки в фрайбергской области и о задачах пробуренных в 1955 по 1958 г.г. трех глубоких скважин. Затем следует описание пробуренного в этих скважинах комплекса горных пород и встреченных рудных жил. В дискуссии анализируются имеющиеся в настоящее время представления о генезисе месторож: дений и указывается на то, что рудные минералы флюорито-баритовой формации представляют собой первичные отложения и минерализацию флюорито-баритового и ,,Эдлер гешике“-парагенезисов (5-элементн.) сделует отнести на основании ее пространственного размещения и температур образования к второму фрайбергскому граниту.

Summary

The knowledge of deposits in the Freiberg area and problems in connection with three deep borings carried out from 1955 to 1958 are first described in outline. The rock complex sunk through and ore veins found during boring are next dealt with, followed by a discussion of present hypotheses on the genesis of deposits. The analysis has shown that ore minerals of the fba formation are primary precipitations. Owing to their spatial arrangement and temperatures of formation, mineralization of fba and ,,Edle Geschicke" paragenesis must be assigned to a second Freiberg granite.

Literatur

BAUMANN, L.: Tektonik und Genesis der Erzlagerstätten von Freiberg (Zentralteil). — Freib. Forsch.-H., C 46 (1958).
GOTTE, W.: Ein Beitrag zur Kenntnis der Freiberger Gneiskuppel. — Geotekt. Symp. zu Ehren von HANS STILLE, 371—378, Stuttgart 1956.
GOTTE, W. & G. RICHTER: Bericht über die geologischen und wirtschaftlichen Ergebnisse der 1953 bis 1959 durchgeführten Erkundungsarbeiten auf Blei/Zink-Erze im Brander Revier. — Akten des ZGD, unveröffentl., 1960.
HERTWIG, G. & J. LINKE: Abschlußbericht über gravimetrische Untersuchungen im Gebiet Freiberg/Brand. — Akten des VEB Geophysik, unveröffentl., 1957.
KRAFT, M.: Die Ausscheidungsfolge der Erzmineralien auf der Lagerstätte Freiberg/Brand in Abhängigkeit von der Gitterenergie. — Geologie, 8, 303—314 (1959).
LEUTWEIN, F. & G. HERRMANN: Kristallchemische und geochemische Untersuchungen über Vorkommen und Verteilung des Wismuts im Bleiglanz der kiesig-blendigen Formation des Freiberger Gangrevieres. — Geologie, 3, 1093—1056 (1954).
OELSNER, O.: Die Lagerstätten des Freiberger Bezirkes. — Bergbautechnik, 2, 555—561 (1952).
— Die erzgebirgischen Granite, ihre Vererzung und die Stellung der BiCoNi-Formation innerhalb dieser Vererzung. — Geologie, 7, 682—701 (1958).
OELSNER, O. & L. BAUMANN: Über die Konstruktion von Isothermalflächen in einem Lagerstättenbezirk als Hilfsmittel zur Abschätzung möglicher Vorräte. — Neue Hütte, 2, 205—213 (1957).
SCHMIDT, K.: Zur tektonischen Analyse des sächs. Erzgebirges. — Dt. Akad. d. Wiss., Berlin, Kl. f. Chemie, Geol., Biol., Nr. 2, 1958.
SCHNEIDERHÖHN, H.: Lehrbuch der Erzlagerstättenkunde. — Verlag Gustav Fischer, Jena 1941.
— Erzlagerstätten (Kurzvorlesungen). — Verlag Gustav Fischer, Jena 1944.
SCHNEIDERHÖHN, H. & H. BORCHERT: Zonale Gliederung der Erzlagerstätten. — N. Jb. Min., Mh., 136—161, 1956.
STARKE, R. & J. RENTZSCH: Geochemische Untersuchungen des Nebengesteins einiger Freiberger Gangformationen. — Geologie, 8, 395—409 (1959).
TISCHENDORF, G.: Paragenetische und tektonische Untersuchungen auf Gängen der fluorbarytischen Bleiformation Freibergs, insbesondere am Halsbrückener Spat. — Freib. Forsch.-H. C 18 (1955a).
— Einige Bemerkungen zur Verteilung von Elementen, insbesondere von Arsen und Antimon auf magmatischen Lagerstätten. — Geologie, 4. 660—672 (1955b).
TÖLLE, H.: Lagerstättengenetische und geochemische Untersuchungen der schwarzen Zinkblende der Grube Himmelfahrt, Freiberg. — Dipl.-Arb., Bergakademie Freiberg, unveröffentl., 1955.
WATZNAUER, A.: Die erzgebirgischen Granitintrusionen. — Geologie, 3, 688—706 (1954).

Zur Gliederung des Hauptanhydrits im Thüringer Becken[1)]

(Vorläufige Mitteilung)

GERD SEIDEL, Jena

Während von den Werraanhydriten mehrere makroskopische Gliederungen auf Grund unterschiedlicher textureller Ausbildung vorliegen (so u. a. von G. RICHTER-BERNBURG 1955, E. v. HOYNINGEN-HUENE 1957, W. JUNG 1958), ist bisher noch keine eingehende makroskopische Gliederung des Hauptanhydrits veröffentlicht worden. Das dürfte nicht zuletzt darauf zurückzuführen sein, daß die texturellen Unterschiede im Hauptanhydrit weniger deutlich als in den Werraanhydriten sind. W. KOSMAHL (1957), S. FLEISCHER (1959), E. M. GOLOMBOWSKI (1959) und K. HEIMLICH (1959) weisen aber darauf hin, daß im nördlichen Harzvorland und Unstrutgebiet eine Gliederung des Hauptanhydrits möglich ist. Nach mündlicher Mitteilung von W. JUNG Sangerhausen, gelang es in der Sangerhäuser und Mansfelder Mulde ebenfalls, den Hauptanhydrit zu gliedern. Im Gebiet des Holunger Grabens (R. LANGBEIN & G. SEIDEL 1960) konnten ein unterer Teil des Hauptanhydrits mit viel Dolomit, ein mittlerer Teil mit wenig Dolomit und ein oberer Teil, der mit Steinsalz durchsetzt ist, unterschieden werden.

Verf. hatte Gelegenheit, eine Reihe von Kaliuntersuchungsbohrungen bei Bleicherode und Sondershausen zu bearbeiten und dabei eine Gliederung des Hauptanhydrits durchzuführen. Von diesen Bohrungen ausgehend, war es z. T. möglich, in den Schichtenverzeichnissen älterer Bohrungen die Elemente der Hauptanhydritgliederung aus dem Raum Bleicherode—Son-

[1)] Vortrag, gehalten am 4. 4. 1960 im Techn.-Wiss. Kabinett des Geologischen Dienstes Jena

dershausen wiederzufinden. Insgesamt wurden 20 Bohrungen ausgewertet (Meßtischblätter Worbis, Bleicherode, Keula, Nordhausen-Süd, Sondershausen und Gebesee).

Als Grundlage der texturellen Beschreibung wurden die von W. JUNG (1958, Tab. 4) veröffentlichten Bezeichnungen gewählt. Da der Hauptanhydrit nur wenig texturelle Unterschiede zeigt, war es notwendig, auch das Material der Beimengung (tonig-bituminös und bzw. oder dolomitisch) zu berücksichtigen. Das Steinsalz erwies sich dabei als ungeeignet bzw. wenig geeignet. Im folgenden sollen die einzelnen Glieder des ca. 40 m mächtigen Hauptanhydrits vom Liegenden zum Hangenden beschrieben werden.

Über dem Grauen Salzton liegt eine ca. 1—4 m mächtige Anhydritfolge, die dolomitisch vorwiegend regelmäßig, größtenteils eng gestreift und gebändert ist. Sie enthält oft Dolomit- bzw. Anhydritdolomitbänke und weist z. T. eine marmorartige Textur auf. Darüber folgt eine 4—5 m mächtige, dolomitisch fein gemaserte, lang geaderte und unregelmäßig, ausgefranst gestreifte Anhydritfolge, die durch ihre Maserung und Aderung sehr typisch ist und an keiner anderen Stelle des Hauptanhydritprofiles beobachtet werden konnte. Durch die Maserung tritt der Anhydrit großwolkig auf.

Im Hangenden davon befindet sich eine dolomitisch vorwiegend regelmäßig, größtenteils eng gestreifte und gebänderte Anhydritpartie. Ihre Mächtigkeit beträgt 1—3 m. Darüber folgt eine 5—9 m mächtige, dolomitisch, unregelmäßig, ausgefranst, eng bis weit gestreifte Partie, die von einer 11—12 m mächtigen, tonig-bituminös und dolomitisch unregelmäßig, ausgefranst, eng bis weit gestreiften Folge überlagert wird. Diese beiden Glieder unterscheiden sich also nur in der Art der Beimengung und nicht in der Textur.

Im Hangenden tritt ein bis 1 m mächtiger, dolomitisch, vorwiegend regelmäßig, größtenteils eng gestreifter und gebänderter Anhydrit auf. Darüber befindet sich ein dolomitisch, unregelmäßig, ausgefranst, eng bis weit gestreifter Anhydrit in einer Mächtigkeit von 2—3 m. Das nun folgende ca. 10—12 m mächtige Glied unterscheidet sich nur durch seine dolomitische und tonige Streifung. Im oberen Teil dieses Gliedes ist in der Regel eine 2—5 m mächtige, fast ausschließlich tonig gestreifte Partie entwickelt. Den im Gebiet des Holunger Grabens noch auftretenden Tonschmitz (R. LANGBEIN & G. SEIDEL 1960) kann man östlich davon nicht bzw. kaum noch erkennen. Zuoberst befindet sich im Hauptanhydrit ein dichter Anhydrit (Anhydritschale, s. F. LOTZE 1938), der nur untergeordnet tonig und bzw. oder dolomitisch gestreift und geadert ist. Dieser dichte Anhydrit unterscheidet sich von den darunter liegenden Anhydritfolgen, die fein- bis grobkörnig und z. T. radialstrahlig ausgebildet sind.

Zusammenfassend ergibt sich also die in der rechten Spalte oben dargestellte Gliederung des Hauptanhydrits.

Das Steinsalz tritt im Hauptanhydrit vorwiegend in Form von kleinen wolkenartigen Einlagerungen sowie z. T. als Kluftfüllung und selten als Lagen bis zu 10 cm Mächtigkeit auf. Die wolkenartigen Einlagerungen reichen von der Oberkante des Hauptanhydrits in der Regel maximal nur bis zur oberen dolomitisch gestreiften und gebänderten Folge. Dagegen treten diese Steinsalzeinlagerungen im Gebiet von Großbodungen, Wallrode, Ascherode, Kleinbodungen und Trebra

Hangendes: Na3

— 1 m	dichter Anhydrit
10—12 m	tonig und dolomitisch, unregelmäßig, eng bis weit gestreift
2— 3 m	dolomitisch, unregelmäßig, eng bis weit gestreift
— 1 m	dolomitisch, größtenteils regelmäßig, vorwiegend eng gestreift und gebändert
11—12 m	tonig und dolomitisch, unregelmäßig, eng bis weit gestreift
5— 9 m	dolomitisch, unregelmäßig, eng bis weit gestreift
1— 3 m	dolomitisch, vorwiegend regelmäßig, größtenteils eng gestreift und gebändert
4— 5 m	dolomitisch, fein gemasert sowie geadert und unregelmäßig eng bis weit gestreift
1— 4 m	dolomitisch, vorwiegend regelmäßig, größtenteils eng gestreift und gebändert

Liegendes: T3

(E-Teil Blatt Worbis und W-Teil Blatt Bleicherode) bis zur mittleren und in einem Falle bis zur unteren dolomitisch gestreiften und gebänderten Folge auf. Daraus ergibt sich, daß derartige Steinsalzeinlagerungen nur in kleineren Gebieten stratigraphisch verwertbar sind. Über das ganze Hauptanhydritprofil verteilt sind die mit Steinsalz gefüllten Klüfte. Die etwa 10 cm mächtigen Steinsalzlagen konnten bisher in der untersten dolomitisch gestreiften Folge und in der obersten dolomitisch und tonig gestreiften Folge ohne Abhängigkeit von den obenbeschriebenen polyedrischen Steinsalzeinlagerungen beobachtet werden.

*

Verf. erhielt während der Drucklegung dieses Beitrages freundlicherweise von Herrn Dr. Jung, Sangerhausen, die Umbruchfahnen einer Arbeit über die Gliederung des Basal- und Hauptanhydrits im SE-Harzvorland, die demnächst in der Zeitschrift „Geologie" erscheint. Es ergibt sich folgende Parallelisierung zwischen beiden Hauptanhydritgliederungen:

SE-Harzvorland (W. JUNG)	Thüringer Becken (G. SEIDEL)	
Zone zeta	Anhydrit, dicht	9
epsilon	tonig u. dolom. gestreift	8
	dolom. gestreift	7
	dolom. gestreift u. gebändert	6
delta	tonig u. dolom. gestreift	5
gamma	dolom. gestreift	4
beta	dolom. gestreift u. gebändert	3
	dolom. gemasert, geadert u. gestreift	2
alpha	dolom. gestreift, gebändert u. marmoriert	1

*

Zusammenfassung

In vorliegender Arbeit wurde die Gliederung des Hauptanhydrits im Thüringer Becken beschrieben. Dazu dienten neben den texturellen Unterschieden auch die vorhandenen Unterschiede in der Art der Einlagerung. Die tonigbituminösen und dolomitischen Einlagerungen erwiesen sich dabei als brauchbar, während die Steinsalzeinlagerungen nicht bzw. nur bedingt stratigraphisch verwertbar sind.

Резюме

В этой работе излагается расчленение главного ангидрита Тюрингского бассейна. Для этого служили наряду с текстурными различиями и имеющиеся различия в форме залегания. При этом глинисто-битуминозные и доломитовые пропластки оказались пригодными, в то время как пропластки каменной соли оказались непригодными или только условно применимыми в стратиграфии.

Summary

The aim of the present paper is to give a description of main anhydrite classification in the Thuringian Basin by textural differences and characteristic marks existing in the type of bedding. While clayey-bituminous and dolomitic intercalations were found to be suitable for the purpose, this did not apply to rock salt intercalations which have only a limited stratigraphical use.

Literatur

FLEISCHER, S.: Die geologischen Verhältnisse auf dem Schacht Berlepsch-Maybach unter besonderer Berücksichtung des Hauptanhydrits. – Geologie, 8, S. 215–216 (1959).

GOLOMBOWSKI, E. M.: Die geologischen Verhältnisse auf dem Kalischacht Neustaßfurt unter besonderer Berücksichtung des Hauptanhydrits. – Geologie, 8, S. 216 (1959).

HEIMLICH, K.: Zum Karbonatgehalt des Hauptanhydrits (Zechstein 3) im nördlichen Harzvorland und Unstrutgebiet. – Z. angew. Geol., 5, S. 442–445 (1959).

HOYNINGEN-HUENE, E. v.: Die Texturen der subsalinaren Anhydrite im Harzvorland und ihre stratigraphische und fazielle Bedeutung. – Geologie, 6, Beih. Nr. 18 (1957).

JUNG, W.: Zur Feinstratigraphie der Werraanhydrite (Zechstein 1) im Bereich der Sangerhäuser und Mansfelder Mulde. – Geologie, 7, Beih. 24, S. 1–88 (1958).

KOSMAHL, W.: Die Petrographie des Hauptanhydrits auf der NO-Flanke des Staßfurt-Egelner Sattels. – Geologie, 6, S. 327 (1957).

LANGBEIN, R. & G. SEIDEL: Zur Geologie im Gebiet des Holunger Grabens (Ohmgebirgsgrabenzone). – Geologie, 9, S. 36–57 (1960).

LOTZE, F.: Steinsalz und Kalisalze. – Geologie, Bd. III, Teil 1 von „Die wichtigsten Lagerstätten der Nichterze" von O. STUTZER. Gebr. BORNTRÄGER, Berlin 1938.

RICHTER, G.: Zur vergleichenden Stratigraphie des Zechsteins in Mitteldeutschland. – Z. Kali, 35, S. 194 (1941) und 36, S. 4 (1942).

RICHTER-BERNBURG, G.: Über salinare Sedimentation. – Z. deutsch. geol. Ges., 105, S. 593 (1955).

– Stratigraphische Gliederung des deutschen Zechsteins. – Z. deutsch. geol. Ges., 105, S. 843–854 (1955).

Kernbohrgeräte zur Erforschung der Gasführung in Kohlenflözen bei der Erkundung von Lagerstätten[1)]

A. K. ATJAKIN, Moskau

Bei der Erforschung der Gasführung in Kohlenflözen werden im wesentlichen zwei Methoden angewandt: die Methode der qualitativen Untersuchung der Gasführung und die Methode der direkten (quantitativen) Bestimmung der Gasführung.

Die erste Methode besteht darin, daß der ausgebrachte Bohrkern in einen Metallbehälter gelegt und luftdicht verschlossen wird. Im Laboratorium erfolgt dann im Vakuum durch Erhitzen und Zerkleinern eine Entgasung der Kohle.

Die zweite Methode ist mit der Verwendung besonderer Kernbohrgeräte und -apparate verbunden, die man nach ihrem Wirkungsprinzip in folgende Gruppen gliedern kann:

1. Kernbohrgeräte, die den Kern auf der Bohrlochsohle hermetisch abdichten. Zu ihnen gehören: das Kernrohr von S. E. ALEXEJENKO, der hermetische Kernnehmer des MakNIT, der von N. N. CHOCHOTWA vorgeschlagen wurde, der hermetische Kernnehmer GKA-1 von A. K. ATJAKIN u. a.

2. Kernbohrgeräte zum Ausfrieren der Kohlenprobe auf der Bohrlochsohle während des Kernziehens. Ihr Arbeitsprinzip gründet sich auf die Möglichkeit, den Vorgang der Adsorption des Gases durch die Kohle zu beeinflussen. Zu diesen Kernbohrgeräten gehören das von W. W. TETEREWENKOW vorgeschlagene Kerngefrierrohr des WostNIT und seine verbesserte Ausführung, das Kernrohr WK-54.

3. Kernbohrgeräte, die zum Auffangen des sich aus dem Kohlenkern abscheidenden Gases bestimmt sind. Zu diesen gehören der Kern- und Gasnehmer KG-55 von M. A. JERMEKOW, der Kern- und Gasnehmer KGN-2-56 von S. F. RAPOPORT, das Doppelkernrohr des WUGI u.a.

4. Apparaturen zur Messung des Gasdruckes in Kohlenflözen.

Die einzige 1958 zur Verfügung stehende Apparatur zur Messung des Gasdruckes in Bohrungen war das von den Mitarbeitern des MakNIT W. A. BOSHKO, W. I. MICHALLOW, I. G. RUBANOWITSCH und N. N. CHOCHOTWA vorgeschlagene Gerät UGS-53.

Mit Hilfe der zu den ersten drei Gruppen gehörenden Kernbohrgeräte kann man den im Kohlenflöz befindlichen Gasgehalt unmittelbar feststellen. Die Methode zur Bestimmung der Gasführung mit diesen Geräten besteht in der Erhaltung des Methans bei der Probenahme, bei der Entgasung der Kohlenprobe sowie bei einer Analyse des Gases und Berechnung der Gasmenge auf 1 g brennbare Substanz.

Die größte Verbreitung unter den genannten Geräten haben der Kernnehmer des MakNIT, das Kernrohr WK-54 und der Kern- und Gasnehmer KG-55 erlangt. Seine grundsätzliche Bauweise sowie ein Schema des Geräts UGS-53 sind in der Abbildung dargestellt.

Der hermetische Kernnehmer des MakNIT (s. Abb., I) besteht aus dem Außenrohr (1), an welches von unten die Bohrkrone (2) und von oben das Muffen-Übergangsstück (3) angeschlossen sind. Das Innenrohr (4) kann sich mit Hilfe des Drucklagers (5) drehen und durch das Muffen-Übergangsstück (3) längs zur Geräteachse verschieben. Innerhalb der Bohrkrone (2) ist die untere Klappe (6) mit einem Scharnier befestigt, die durch die Wirkung der Feder (7) das Bestreben hat, eine horizontale Lage einzunehmen. An der unteren Klappe (6) befindet sich die Bleischeibe (8). Mit dem Innenrohr (4) ist von unten die Innenkrone (9) mit Federn zum Festhalten des Kernes verbunden. Oben befindet sich das aus Kugel und Feder bestehende Ventil (10).

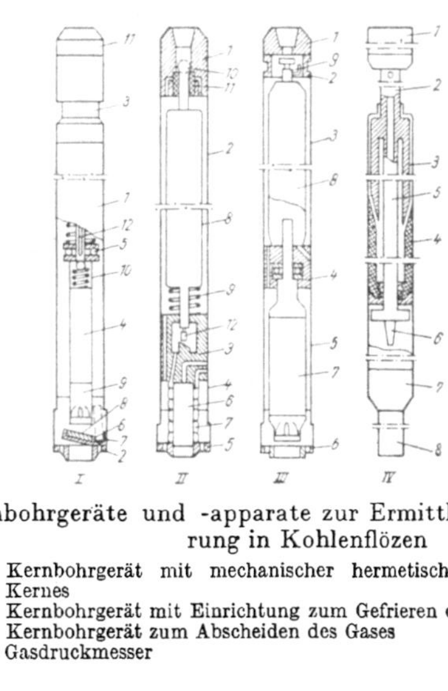

Kernbohrgeräte und -apparate zur Ermittlung der Gasführung in Kohlenflözen

I – Kernbohrgerät mit mechanischer hermetischer Abdichtung des Kernes
II – Kernbohrgerät mit Einrichtung zum Gefrieren der Kohlenprobe
III – Kernbohrgerät zum Abscheiden des Gases
IV – Gasdruckmesser

[1)] Aus: „Raswedka i ochrana nedr", Heft 9/1958. Übers.: QUAST

Das Hinablassen des Kernnehmers in das Bohrloch erfolgt am Bohrgestänge, das an das Übergangsstück (11) angeschlossen wird. Beim Einlassen stützt sich die untere Klappe (6) auf die Innenkrone (9). Bei Erreichen der Bohrlochsohle setzt das Innenrohr seine Abwärtsbewegung fort, und das Bohren im Kohlenflöz geht mit vorauseilender Innenkrone vor sich. Während des Bohrvorganges wird die Kugel des oberen Ventils (10) durch die Stange (12) abgedrückt, wodurch der Austritt der Spülflüssigkeit aus dem Aufnahmebehälter ermöglicht wird. Nach Beendigung des Bohrvorganges löst sich das Gerät von der Bohrlochsohle. Hierbei hebt sich die Innenkrone über die untere Klappe empor, die sich unter Wirkung der Feder (7) um ihre Achse dreht und eine horizontale Lage einnimmt. Danach wird das Gerät wieder auf die Bohrlochsohle aufgesetzt und damit ein Achsendruck erzeugt, der bewirkt, daß das Kopfende der Innenkrone in die Bleischeibe (8) eindringt. Diese Stellung wird durch eine Spezialvorrichtung festgehalten (auf der Abbildung nicht dargestellt). Läßt der Achsendruck nach, so schließt sich auch das obere Ventil (10), und das Ziehen des Kernes erfolgt in einem hermetisch verschlossenen Innenrohr.

Das Kernrohr WK-54 (s. Abb., II) ist ein Doppelkernrohr mit der zusätzlichen Einrichtung zum Ausfrieren des Kernes. Es besteht aus folgenden Teilen: dem oberen Übergangsstück (1), dem Außenrohr (2), dem Verteilungs-Übergangsstück (3), dem Mantel (4), der Bohrkrone (5), dem Innenrohr (6), der Rohrschlange (7), dem Gasballon (8) und der Feder (9). Das Innenrohr (6) ist unbeweglich befestigt.

Vor dem Einfahren des Kernrohres in das Bohrloch wird in den Gasballon (8) mit einem Druck von etwa 70 at flüssige Kohlensäure gepumpt. Das Einfahren des Kernrohres erfolgt am Bohrgestänge. Das Niederbringen in der Kohle unterscheidet sich nicht wesentlich von dem üblichen Bohrvorgang mit Kernbohrgeräten, die einen unbeweglichen Kernaufnahmebehälter haben. Vor dem Ausfahren wird durch das Bohrgestänge die Metallkugel (10) hinabgeworfen, die die Spülöffnung im Kolben (11) abdeckt. Danach wird mit Hilfe der Pumpe ein Druck der Spülflüssigkeit erzeugt, wodurch der Kolben (11) und der Gasballon (8) nach unten verlagert werden, wobei sie die Feder (9) zusammendrücken. Der Nippel (12), der einen geringen Nutzquerschnitt hat, stößt hierbei auf die schräge Fläche und bricht. Durch die Verteilungskammer im Übergangsstück (3) gelangt nun die flüssige Kohlensäure in die Rohrschlange (7) und weiter in das Bohrloch. In der Rohrschlange beginnt die Kohlensäure zu sieden. Dies bedingt eine Abkühlung des im Innenrohr (6) eingeschlossenen Kohlenkernes und folglich eine Erhöhung des Adsorptionsvermögens. An der Oberfläche wird das Innenrohr (6) zusammen mit der Rohrschlange (7) in einem besonderen Behälter untergebracht, luftdicht verschlossen und an das Laboratorium weitergegeben.

Der Kern- und Gasnehmer KG-55 (s. Abb., III) ist ein Doppelkernrohr mit einer Vorrichtung zum Auffangen und Abscheiden des Gases. Er besteht aus dem Übergangsstück (1) auf dem Bohrgestänge, dem Übergangsstück (2) mit Einkerbungen für eine besondere Gabel, dem oberen Gehäuse (3), dem Verteiler (4), dem unteren Gehäuse (5), der Bohrkrone (6), dem Innenrohr (7) und dem Gassammelbehälter (8). Das Innenrohr (7) ist im Gehäuse (5) drehbar. Vor dem Einbau wird das Bohrloch mit Spülflüssigkeit gefüllt und der Kern- und Gasnehmer mit vorher abgeschraubtem Übergangsstück (1) über dem Bohrlochkopf aufgestellt. Mittels einer Vakuumpumpe wird die Luft aus dem Gassammelbehälter (8) durch den Hahn (9) abgepumpt und dafür Spülflüssigkeit hineingefüllt. Der Einbau und das Bohren vollzieht sich ähnlich den Arbeitsvorgängen beim Durchbohren von Kohlenflözen mit Doppelkernrohren.

Beim Ausfahren des Bohrwerkzeuges muß Spülflüssigkeit in das Bohrloch gepumpt werden, die in diesem Fall als Verschluß für das im Gassammelbehälter befindliche Gas dient. Das sich aus dem Kohlenkern abscheidende Methan wird sich im oberen Teil des Gassammelbehälters 8 ansammeln und die Spülflüssigkeit aus demselben durch die Öffnungen im Verteiler (4) hinausdrücken. Nach dem Herausziehen an die Oberfläche wird der Kern- und Gasbehälter zunächst über dem Bohrlochkopf aufgestellt und das Gas aus dem Gassammelbehälter abgepumpt. Danach wird das Innenrohr mit dem Kern abgeschraubt und luftdicht verschlossen. Der Gasgehalt des Kohlenkernes wird aus der Summe des im Gassammelbehälter und im Innenrohr befindlichen Gases ermittelt.

Die Apparatur UGS-53 (s. Abb., IV) besteht aus dem Spülrohr (1), dem Gestängerohr (2), dem Keil (3), dem elastischen Gummiteil (4), der Stange (5) mit Kegel (6), dem Aufnahmeraum mit Klappe (7) und dem Tiefenmanometer (8). Nach dem Durchbohren des Kohlenflözes wird das Gerät am Bohrgestänge in das Bohrloch hinabgelassen. Unter Einwirkung des Achsendruckes dringt der Keil (3) in den Gummiteil (4) ein, wodurch letzterer verbreitert wird und den sohlennahen Teil des Bohrloches isoliert. Zugleich öffnet der Kegel (6) die Klappe des Aufnahmebehälters (7), der mit dem Meßorgan des Tiefenmanometers verbunden ist. Die im abgesperrten Teil des Bohrloches befindliche Spülflüssigkeit tritt in den Behälter (7), wobei ein Druckabfall bis auf etwa 2 at eintritt.

Das Gerät bleibt nun eine bestimmte Zeit an der Bohrlochsohle. In dieser Zeit steigt der Druck des sich aus dem Kohlenflöz abscheidenden Gases allmählich an. Der Druckanstieg wird sich so lange fortsetzen, bis der Gasdruck im Flöz und im Bohrloch gleich ist. Um ein Verklemmen des Gerätes zu verhüten, wird eine ununterbrochene Spülung des Bohrloches durchgeführt, wobei die Spülflüssigkeit durch die Öffnungen im Gestängerohr (2) unter dem Spülrohr (1) heraustritt. Beim Ausfahren des Gerätes verschiebt sich der Keil (3) nach oben und löst dadurch die das Bohrloch abdeckende Dichtung.

Die Apparatur UGS-53 ist mit dem automatisch registrierenden Tiefen-Manothermographen MGI-49 versehen. Dieser gestattet die gleichzeitige Registrierung eines Druck- und Temperaturkartogramms.

Eine Analyse der Arbeit der Kernbohrgeräte, die für das Auffangen des sich aus dem Kohlenkern beim Ziehen abscheidenden Gases bestimmt sind, hat gezeigt, daß die Möglichkeit besteht, ein Kernbohrgerät zur mittelbaren Bestimmung des Gasdruckes in Kohlenflözen zu schaffen.

Bekanntlich ist der hydrostatische Druck der im Bohrloch befindlichen Spülflüssigkeit in der Regel höher als der Druck des in Kohlenflözen eingeschlossenen Gases. Das bedeutet, daß eine freie Abscheidung des Gases aus einem im Bohrloch emporzuziehenden Kohlenkern nur von einer bestimmen Tiefe ab vor sich gehen wird, d. h. dann, wenn der hydrostatische Druck dem Druck des Gases in der Kohle gleich oder niedriger als dieser sein wird. Zur Bestimmung des Gasdruckes muß der Beginn der Gasabscheidung und der in diesem Moment herrschende hydrostatische Druck (oder die Lage des Bohrwerkzeuges im Bohrloch) ermittelt werden. Der auf diese Weise festgestellte hydrostatische Druck entspricht dem Gasdruck im Kohlenflöz.

Die Schaffung eines Kernbohrgeräts, dem das erläuterte Prinzip zugrunde liegt, wird es ermöglichen, die vom Institut für Bergbau bei der Akademie der Wissenschaften der UdSSR entwickelte Methode zur Bestimmung des potentiellen Methanvolumens bei der Kohlenerkundung in die Praxis einzuführen. Infolge Fehlens von Geräten zur Feststellung des Gasdruckes wurde diese Methode bei der Niederbringung geologischer Aufschlußbohrungen bis 1958 nicht angewandt. Die ersten mit Hilfe der Apparatur UGS-53 erzielten Ergebnisse zeigen, daß diese am zuverlässigsten arbeitet.

Zusammenfassung

Zwei Hauptmethoden der Gasprobenahme aus Kohlenflözen werden geschildert und die dabei praktisch erprobten Kernbohrgeräte beschrieben.

Резюме

Описываются два главных метода отбора газовых проб из угольных пластов и практически при этом испытанные колонковые снаряды.

Summary

Two chief methods of gas sampling from coal seams are described, practical experiences made with core drilling equipment being included in the description.

Literatur

BAGRINZEWA, K. I., W. W. SCHERSCHUKOW & A. K. ATJAKIN: Kurze methodische Anleitung zur Erforschung der Gasführung in Kohlenflözen bei Erkundungsarbeiten. – Ministerium f. d. Kohlenindustrie d. UdSSR, 1957.

BARCHATOWA, W. I. & I. A. SHILLIN: Das Gerät des WostNIT zur Gewinnung gefrorener Kohlenkerne aus Bohrlöchern. – BTI, 1954.

– Der Abbau von Kohlenlagerstätten in großen Teufen. – Ugletechisdat, 1955.

CHOCHOTWA, N. N.: Die Ermittlung der Gasführung von Kohlenflözen mit Hilfe des hermetisch abdichtbaren Kernentnehmers. – MakNIT, ZITI, 1955.

Einsatz der Geoelektrik zur Erkundung glazialdynamisch gestörter Tone

JOHANNES POMPER & LOTHAR FRÖHLICH, Leipzig

Vorbemerkung

Im Stauchmoränengebiet von Bad Schmiedeberg (Krs. Wittenberg) wurden mehrere Tonlagerstätten für die Steinzeugindustrie in völlig getrennt voneinander liegenden Feldern erkundet. Schon bei der Vorerkundung durch einzelne Tastbohrreihen im 100-m-Bohrlochabstand senkrecht zum vermutlichen Streichen stellte sich heraus, daß keine einheitliche Verbreitung der Tone vorliegt. Das Aufsuchen höffiger Tonfelder nahm eine erhebliche Anzahl von Tastbohrungen in Anspruch. Daher wurde zunächst versuchsweise die Geoelektrik (VEB Geophysik Leipzig) eingesetzt, um zu klären, ob eine Vorerkundung auf geoelektrischem Wege Erfolg verspricht. Nachfolgend wird über charakteristische Ergebnisse berichtet. Dadurch soll die Zweckmäßigkeit bzw. Wirtschaftlichkeit der geoelektrischen Vorkartierung bei Tonerkundungen in glazialdynamisch gestörten Gebieten erörtert bzw. zur Diskussion gestellt werden.

Charakteristische Ergebnisse aus den geoelektrischen Vorarbeiten

Zum geoelektrischen Test wurden die bereits gestoßenen Bohrungen 3, 5 und 6 einer Tastbohrreihe herangezogen, da sie etwa gleiche Mächtigkeiten des nutzbaren Tones unter annähernd gleicher Abraumdecke aufwiesen:

Bohrungen	3	5	6
Pleistozäner Sand	2,0 m	1,8 m	1,6 m
Tertiärer Steinzeugton	8,0 m	7,7 m	8,0 m
Tertiäre Sande	1,5 m	1,5 m	1,9 m

Auf einer Testfläche, welche die ungefähr in 100-m-Abstand hintereinanderliegenden drei Bohrungen einschließt, wurde eine Widerstandskartierung (nach WENNER) mit einer Wirkungstiefe von $a = 5$ m durchgeführt. Sie ergab folgendes in Abb. 1 parallel zum geologischen Profil dargestelltes Isoohmenbild: Etwa 20 m südlich von Bohrung 6 weist dieses eine auffällig dichte Scharung der Isoohmen auf, während ein ähnlich starker Gradient in den Werten des scheinbaren spezifischen Widerstandes im Bereich der Bohrungen 5 und 3 nicht wieder auftritt.

Das Isoohmenbild bei Bohrung 6 ließ somit auf eine Anomalie der Lagerstättenverhältnisse schließen. Es wurden daher zwischen Bohrung 5 und 6 noch sechs Testbohrungen (auf Abb. 1 als „Zwischenbohrungen" bezeichnet) niedergebracht. Diese bewiesen die bei Bohrung 6 vermutete uneinheitliche Lagerung des Tones. In Abb. 1 ist im Profil I die nach den gleichförmigen Ergebnissen der Bohrungen 3, 5 und 6 zunächst anzunehmende Lagerungsweise des Tonflözes dargestellt. Das untere Profil II zeigt dagegen die eingearbeiteten Ergebnisse der sechs Testbohrungen. Das Isoohmenbild der Testfläche ist darunter dargestellt. Ohne

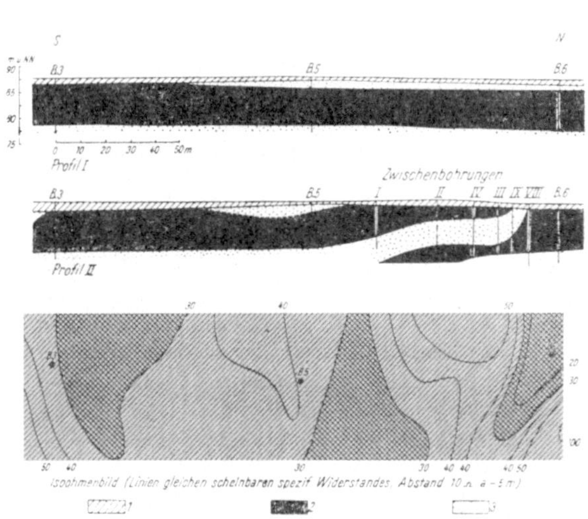

Abb. 1. Geoelektrischer Test im Bereich einer Tastbohrreihe in glazialdynamisch gestörten Tonen

1 – Pleistozändecke, 2 – Ton, 3 – Tertiärsande

Oben: Auswertung der Bohrungen ohne geoelektrische Vorerkundung. Mitte: Die Zwischenbohrungen bestätigen das geoelektrische Kartierungsbild.

die geoelektrische Kartierung wäre dem Geologen das etwa 5 m mächtige, nach Süden einfallende und bei Bohrung 6 unter der Pleistozändecke ausstreichende Sandzwischenmittel bei einem Bohrabstand von 100 m völlig entgangen.

Das überzeugende Ergebnis der geoelektrischen Widerstandskartierung auf der Testfläche gab Veranlassung, zunächst bei den größeren Erkundungsfeldern, deren Erkundung im 100-m-Bohrabstand vorgesehen war, die geoelektrische Widerstandskartierung einzusetzen, denn nach den in Abb. 1 demonstrierten Erfahrungen bot der 100-m-Abstand der Bohrungen allein nicht den notwendigen Grad der Sicherheit für eine Lagerstättenerkundung. Ein weiteres sicheres Verfahren bestände in einem Abbohren im 50-m-Abstand. Das hätte jedoch eine Erhöhung der Anzahl der Bohrungen auf das Zweieinhalbfache bedeutet.

Ferner ließen die weiteren widerstandselektrischen Messungen in Korrelation mit einigen Tastbohrungen deutlich erkennen, daß Zonen mit überwiegend Sand und Kies als höherohmige Flächen (geoelektrische Maxima $> 50\ \Omega$m) von Zonen mit vorwiegend Ton in Oberflächennähe als niedrigohmige Flächen (geoelektrische Minima $< 50\ \Omega$m) gut getrennt werden können. Durch geoelektrische Tiefensondierungen in den tonhöffigen Widerstandsminima war es möglich, Hinweise über Mächtigkeit und Einschaltung von schluffigsandigen Partien zu erhalten.

Ferner zeigte ein Vergleich des Bildes der ersten Widerstandsmessungen mit den Ergebnissen der gestoßenen Bohrungen, daß ein ruhiger, wenig gegliederter Verlauf der Isoohmen innerhalb eines geoelektrischen Minimums auf wenig gestörte Lagerungsverhältnisse des niederohmigen Materials (Ton) hinweist. Dem gegenüber kann bei einem starken Gradienten in den Werten des scheinbaren spezifischen Widerstandes auf einen raschen horizontalen Wechsel von nieder- und hochohmigem Material (Ton/Sand) geschlossen werden.

Einzelne kleinere und schwächere Maxima (wenig über 50 Ωm) inmitten von größeren tonhöffigen Flächen geben meist örtliche Sandauflagerungen, nicht -einlagerungen, an. In den seltensten Fällen stimmen die geoelektrischen Extrema mit den wirklichen Begrenzungen der sie verursachenden geologischen Gegebenheiten, also der Sande oder Tone, völlig überein. Die Verschiebung der Grenzen ist auf Flankenwirkung benachbarten Materials abweichender Leitfähigkeit zurückzuführen.

Insgesamt gesehen, ist es jedoch möglich, durch geoelektrische Widerstandsmessungen die auf bauwürdigen Ton höffigen Flächen schon vor dem Abbohren grob abzugrenzen und damit die erste Suche durch Tastbohrreihen zu ersetzen sowie einer anschließenden geologischen Erkundung auf B-Vorräte im Netzabstand von 100 Metern unter Zusatz von wenigen Ergänzungsbohrungen geeignete Gebiete anzugeben.

Die weitere Erkundung im Raume des Stauchmoränengebietes von Bad Schmiedeberg ging von diesen Erkenntnissen aus. Vor allem in den größeren Erkundungsfeldern, die sonst einen großen Aufwand an Bohrungen erfordert hätten, wurde die Geoelektrik eingesetzt. In kleineren Erkundungsfeldern dagegen wurde im 50-m-Netzabstand erkundet, da sich der Einsatz der Geoelektrik erst in den Feldern $> 0{,}2$ km^2 als wirtschaftlich erwies.

In Abb. 2 und 3 werden zwei Erkundungsbeispiele aus dem Raum Bad Schmiedeberg mit und ohne Einsatz der Geoelektrik gezeigt.

Erkundung mit Einsatz der geoelektrischen Kartierung (Fall I)

In Abb. 2 sind durch zwei Schraffurstufen die geoelektrischen Minima $< 50\ \Omega$m hervorgehoben. Im Bild der geoelektrischen Widerstandskartierung ist ein größeres bogenförmiges Minimum mit Werten des scheinbaren spezifischen Widerstandes $< 50\ \Omega$m zu erkennen, welches ungefähr diagonal durch das Untersuchungsfeld läuft. Die sich durch Doppelschraffur heraushebende Fläche mit ρ_s-Werten von 10—30 Ωm weist im allgemeinen die höchsten durch Bohrungen festgestellten Mächtigkeiten des nutzbaren Tones auf (8,8; 8,9; 9,1; 15,5; 16,1; 16,6; 18,4; 19,4 m).

Im vorliegenden Falle läßt sich das Ergebnis der Widerstandskartierung und das der Bohrungen recht gut in Korrelation setzen. Lediglich im Westen liegen drei Bohrungen mit mächtigeren Tonen unter geringer Bedeckung (0,3/11,8; 0,8/11,3; 1,5/14,2) randlich zu dem geoelektrischen Minimum bzw. bereits im höherohmigen Bereich. Von geophysikalischer Seite wird hierfür die Flankenwirkung des an das Minimum im Westen anschließenden Gebietes mit ρ_s-Werten um 100 Ωm als Erklärung angegeben.

Auch im Bereich des Westzipfels des geoelektrischen Minimums liegen weitere vier fündige Bohrungen außerhalb der 50-Ωm-Umgrenzung jenes Minimums. Einmal sind es die relativ geringen Tonmächtigkeiten (4,5 m; 4,6 m) unter gleichfalls relativ geringer Decke (3 m; 1,3 m), zum anderen die große Deckschichtdicke (7,1 m; 5,9 m) über zwar mächtigerem Ton (15,2 m; 9 m), welche die ρ_s-Werte über 50 Ωm ansteigen lassen. Bei einer für die geoelektrischen Untersuchungen benutzten Wirkungstiefe von $a = 5$ m kann sich auch das, wie die zwei nordwestlichsten Bohrungen zeigen, unter 6—7 m sandiger Decke lagernde starke Tonpaket noch nicht so stark bemerkbar machen, daß die ρ_s-Werte unter 50 Ωm absinken.

Am NE-Rand des Minimumkernes hingegen trafen zwei Ergänzungs-(E-)bohrungen außerhalb der 50-m-Isoohme nur sandige und kohlige Schichten an und bestätigten damit den Verlauf der Flanke des Tonkörpers bzw. sein plötzliches Abtauchen. Dies wird bereits durch das geoelektrische Bild angezeigt.

Im Süd- bzw. Südostteil der untersuchten Fläche tritt eine stärkere Gliederung im Isoohmenbild in Erscheinung. In diesem Bereich ändern sich bei den einzelnen Bohrungen auch häufiger die nutzbaren Mächtigkeiten. Sie gaben Veranlassung, einige Ergänzungsbohrungen anzusetzen. Besonders erwähnenswert ist das innerhalb des großen Minimalzuges gelegene NW-verlaufende etwa 30 m breite Zwischenmaximum. Wie die darin noch gestoßene E-Bohrung mit 5,9 m Abraum (Sand) über 10,2 m Ton zeigt, handelt es sich hier um eine rinnenförmige Ausfüllung von pleistozänen Sanden, unter der, trotz der gemessenen hohen Werte des scheinbaren spezifischen Widerstandes, 10,2 m Ton lagern. Es kann nicht auf die Ergebnisse aller Bohrungen eingegangen werden. Es wird nur kurz dargelegt, daß sich das Bild der geoelektrischen Widerstandskartierung auch in Einzelheiten mit den Bohrergebnissen sinnvoll in Beziehung setzen läßt. Das wichtigste jedoch ist die Tat-

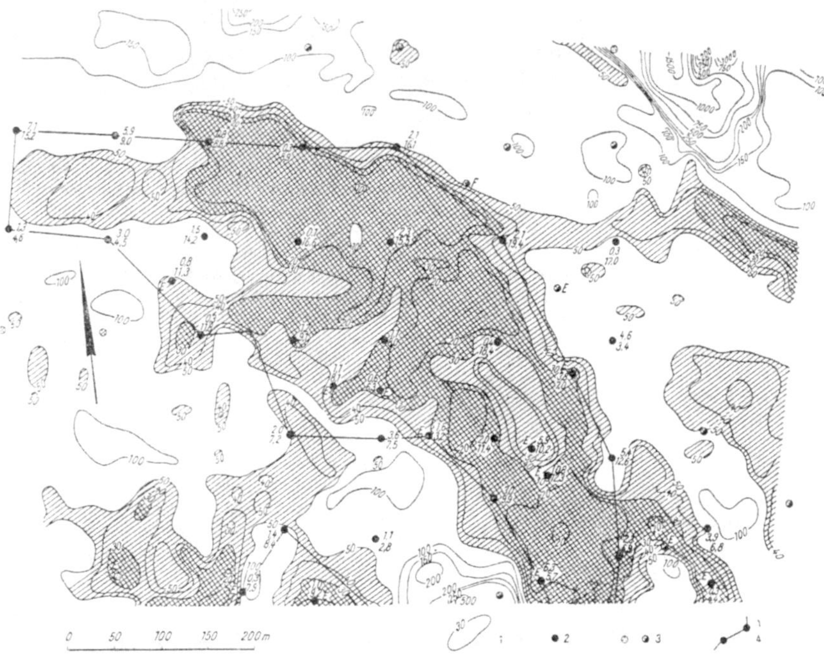

Abb. 2. Einsatz der geoelektrischen Kartierung bei Erkundung auf Steinzeugton in glazialdynamisch gestörten Tonen im 100-m-Bohrnetz. Die Lagerstättenfläche deckt sich annähernd mit dem geoelektrischen Minimum. Erkundungsfläche etwa 48 ha, 48 Bohrungen zur Ausblockung von B-Vorräten

1 — Isoohme (Linie gleichen scheinbaren spezifischen Widerstandes), 2 — fündige Bohrung, 3 — nichtfündige Bohrungen (Sand bzw. Sand und Braunkohle), 4 — Abgrenzung der Lagerstättenfläche (B-Vorräte)

sache, daß die geoelektrische Grobabgrenzung der Lagerstätte durch die 50-Ωm-Linie im vorliegenden Falle annähernd mit der Abgrenzung auf Grund der Bohrergebnisse übereinstimmt. Das zeigt schon eine flüchtige Übersichtsbetrachtung, bei der festgestellt werden kann, daß die als schwarze Punkte gekennzeichneten fündigen Bohrungen in Abb. 2 im wesentlichen innerhalb des geoelektrischen Minimums mit ρ_s-Werten unter 50 Ωm liegen. Bohrergebnisse und geoelektrische Indikationen ergänzen sich zu einem für die Lagerstättenbeurteilung gut brauchbaren Bild. Die abgegrenzten Vorräte wurden der Vorratsklasse B zugeordnet.

In dem dargestellten Teil des Bohrfeldes (etwa 48 ha) wurden 48 Bohrungen von durchschnittlich 15 m Endteufe gebraucht, also je ha eine Bohrung oder 15 laufende Bohrmeter.

Erkundung ohne Einsatz der geoelektrischen Kartierung (Fall II)

Zum Vergleich wird die Erkundung im 50-m-Abstand in einem anderen Bohrfeld des Raumes Bad Schmiedeberg herangezogen. Abb. 3 zeigt das etwa 16 ha große Bohrfeld. Die geoelektrische Kartierung wurde hier nicht angewendet, weil sie in größeren Untersuchungsfeldern zweckmäßiger und wirtschaftlicher erschien. Der Bohrplan zeigt, daß, von sieben Tastbohrungen ausgehend, die weitere Erkundung im 50-m-Bohrnetz zweiseitig vorrückte. So wurde die Lagerstätte ohne Einsatz anderer Erkundungsmittel durch Bohrungen so herauskartiert, wie sie die eingezeichnete Umgrenzung angibt. Zur Erkundung dieses Feldes von etwa 16 ha Größe (es ist auf drei Seiten durch kamesartige Kiesrücken morphologisch abgegrenzt) wurden 75 Bohrungen von etwa 14 m durchschnittlicher Endteufe gebraucht. Das bedeutet je ha einen Aufwand von 4,7 Bohrungen oder von 65,8 laufenden Bohrmetern. Die Vorräte der im 50-m-Abstand erkundeten Lagerstätte dieses Feldes wurden ebenfalls wie im Fall I der Vorratsklasse B zugeordnet.

Vorläufige ökonomische Bilanz[1])

In zwei Erkundungsfeldern des gleichen Lagerstättentyps wurden mit dem gleichen Effekt (B-Vorräte) Erkundungen durchgeführt; in dem einen Feld im 100-m-Abstand zuzüglich des Einsatzes geoelektrischer Widerstandsmessungen (Fall I), in dem anderen Feld im 50-m-Abstand ohne Geoelektrik (Fall II).

Bei Auswertung der Ergebnisse ergibt sich die in der Tabelle auf S. 390 dargestellte vorläufige[2]), jedoch prinzipielle Bilanz.

Es muß noch hinzugefügt werden, daß die Kosten für die geoelektrische Kartierung des Feldteiles in Fall I rund 10000,— DM betragen, und daß je Bohrmeter rund 30,— DM einzusetzen sind.

Die obige Gegenüberstellung der Kosten der Fälle I und II zeigt einwandfrei die ökonomische Überlegenheit der Erkundung mit Hilfe der Geoelektrik. Der Erkundungsaufwand je Hektar ohne diese beträgt rund das Dreifache.

Noch stärker verschiebt sich die Bilanz zugunsten des Einsatzes der Geoelektrik in einem Erkundungsfeld von etwa 200 ha Ausdehnung (Fall III). In diesem Feld wurde

[1]) Diese Bilanz wird deshalb als vorläufige bezeichnet, weil sie sich bei Hinzuziehen weiteren Unterlagenmaterials noch nicht fertig bearbeiteter Erkundungsfelder wohl zahlenmäßig noch etwas, jedoch nicht prinzipiell ändern wird.

[2]) Siehe Fußnote 1

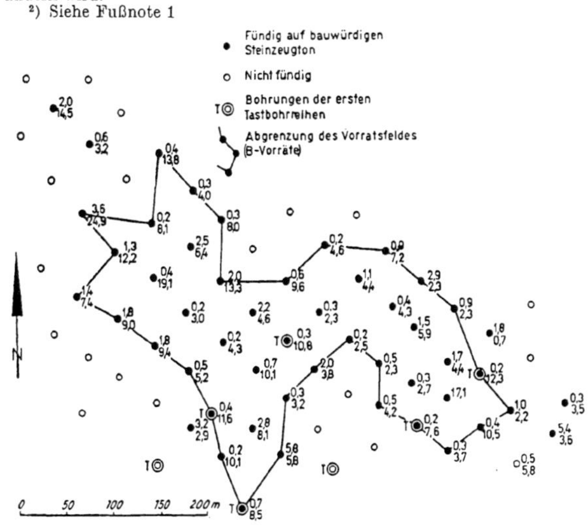

Abb. 3. Erkundung auf Steinzeugton in glazialdynamisch gestörten Tonen ohne geoelektrische Vorkartierung im 50-m-Bohrnetz. Erkundungsfläche etwa 16 ha, 75 Bohrungen zur Ausblockung von B-Vorräten

Erkundungsmethode	Aufwand je ha		Erkundungskosten je ha in DM		
	Anzahl der Bohrungen	lfd. m	Bohrungen	Geoelektrik	Insgesamt
Fall I Bohrungen im 100-m-Netz mit Einsatz der Geoelektrik (48 ha)	1	15	450	200	650
Fall II Bohrungen im 50-m-Netz ohne Einsatz der Geoelektrik (16 ha)	4,7	65,8	1974	–	1974

ohne Tastbohrreihen mit den geoelektrischen Widerstandsmessungen begonnen. Nach Vorliegen des Kartierungsbildes wurde ein Bereich von nur 5 ha im 100-m-Bohrnetz durch nur 19 Bohrungen mit 294 lfd. Bohrmetern auf B-Vorräte erkundet, weil sich nur dieser auf Grund des geoelektrischen Kartierungsbildes auf ein Tonlager > 0,1 Mill. t als höffig erwies.

Der Erkundungsaufwand war folgender:

etwa 200 ha geoelektrische Kartierung	25636,— DM
5 ha Abbohrung im 100-m-Netz	8820,— DM
insgesamt für die Erkundung:	34456,— DM
	= abgerundet 35000,— DM
	= 175,— DM/ha

Eine Übersicht der erörterten Fälle I—III beweist deutlich die Wirtschaftlichkeit des Einsatzes der scheinbar kostspieligen Geoelektrik. Der Fall III erwies sich noch wirtschaftlicher als Fall I. Es wurde daher in den weiteren, anschließend zur Erkundung kommenden Feldern der Erkundungsgang des Falles III angewendet:

1. Geoelektrische Kartierung,
2. Auswahl derjenigen geoelektrischen Minima zur Abbohrung im 100-m-Netz, welche entsprechend ihrer Flächenausdehnung annähernd geschlossene Tonlager > 0,1 Millionen t erwarten lassen;
3. Abbohren zunächst im 100-m-Netz;
4. Zusätzlicher Ansatz weniger Ergänzungsbohrungen nach Auswertung der Bohrergebnisse in Korrelation mit der geoelektrischen Kartierung.

Nach den umfangreichen Erfahrungen einer fruchtbaren Zusammenarbeit von Geologie und Geophysik im Raum Bad Schmiedeberg wird die als Fall III bezeichnete Erkundungsmethodik für weitere Erkundungsaufgaben ähnlicher Art in glazialdynamisch stark gestörten Gebieten empfohlen.

Zusammenfassung

Im glazialdynamisch stark gestörten Gebiet von Bad Schmiedeberg wurden Tonlagerstätten für die Steinzeugindustrie erkundet. Die Dislokationen der Tonlager erforderten zum Nachweis von B-Vorräten einen Bohrabstand von 50 m. In einigen größeren Erkundungsfeldern wurde neben Bohrungen die geoelektrische Kartierung nach WENNER als Erkundungsmittel angewendet, wodurch die Bohrdichte auf 100 m verringert werden konnte. Die Gegenüberstellung der Kosten der Erkundung mit und ohne Geoelektrik zeigt die ökonomische Überlegenheit des Einsatzes der Geoelektrik bei der Erkundung stark gestörter Tone. Der Erkundungsaufwand nur durch Bohrungen ohne Einsatz der Geoelektrik betrug je Hektar Erkundungsfläche das Dreifache.

Резюме

В гляциально сильно нарушенном районе курорта Шмидеберг проводились разведочные работы на месторождения глин для фаянсовой промышленности. В связи с дислокациями залежей глины для доказательства запасов категории Б расстояние между скважинами составляло 50 м. На некоторых больших разведочных площадях наряду со скважинами применялось геоэлектрическое картирование по ВЕННЕРу в качестве разведочного средства, в связи с чем удалось снизить густоту бурений на 100 м. Сопоставление расходов разведки с геоэлектрикой и без геоэлектрики показывает экономическую ценность применения геоэлектрики при разведке сильно нарушенных глин. Расходы разведки лишь скважинами, без геоэлектрики, превышают расходы с применением геоэлектрики в три раза (на 1 гектар разведочной площади).

Summary

In the area of Bad Schmiedeberg, highly deformed by glacial-dynamic action, reconnaissance was made of clay deposits for the stoneware industry. Owing to dislocations of clay deposits a drilling space of 50 metres was required for demonstrating B reserves. In addition to drilling geoelectric mapping according to WENNER was used as an auxiliary in some larger reconnaissance fields, thereby enabling a reduction of drill nearness to 100 metres. Economic superiority of geoelectric reconnaissance of highly deformed clays was shown by a comparison of reconnaissance expenses with and without the use of geoelectrics. Amount expended for reconnaissance only by drilling and without the use of geoelectrics was threefold per hectare (2.471 acres) of the reconnaissance area.

Literatur

POMPER, J.: Rahmenbericht über die geologischen und wirtschaftlichen Ergebnisse der Untersuchungen auf Steinzeugton Bad Schmiedeberg. — Unveröffentlicht, Archiv ZGD Berlin, 1959.

— Bericht über die geologischen und wirtschaftlichen Ergebnisse der Erkundung auf Steinzeugton Bad Schmiedeberg, Feld 1, 4, 7, 9, 10, 12, 13. — Unveröffentlicht, Archiv ZGD Berlin, 1959.

WEGNER, J.: Abschlußbericht über geophysikalische Vorerkundung im Gebiet Bad Schmiedeberg. — Unveröffentlicht, Archiv VEB Geophysik Leipzig, 1958.

Zur Methodik der Erkundungsarbeiten für die Baustoffindustrie auf Betriebsebene

RUDOLF HOHL, Halle & PETER BÖHME, Leipzig

Einleitung

In den letzten Jahren sind in steigendem Maße an die Geologischen Dienste und ihre Arbeitsstellen Anträge gestellt worden, Bohrungen zum Nachweis von Baustoffen für bestehende Betriebe zu bearbeiten und auszuwerten. Diese Erkundungen werden aus den Investitionsmitteln der Betriebe finanziert, nachdem das Kreis- bzw. Bezirksbauamt seine Zustimmung gegeben hat. Es handelt sich besonders um Ziegeleien, Sand- und Kiesgruben sowie Steinbrüche. Die Anträge zur Bearbeitung der Bohrungen werden meist von den volkseigenen Betrieben selbst oder auch über den Rat des Kreises gestellt. In ähnlicher Weise sind auch mehrfach Untersuchungen für private Betriebe vorgenommen worden, wenn diese staatliche Beteiligung beantragt haben und in diesem Zusammenhang eine ausreichende

Rohstoffbasis nachweisen mußten. In allen Fällen handelt es sich mehr oder weniger um Aufgaben betriebsgeologischer Natur, die nicht als Objekte in den Erkundungsplan der StGK aufgenommen werden können, aber von den Geologischen Diensten trotzdem bearbeitet werden müssen, weil den Betrieben bzw. Kreisen oder Bezirken noch kein Geologe als fachlich qualifizierter Bearbeiter zur Verfügung steht. Schon ökonomische Erwägungen lassen daher diesen Weg als allein gangbar erscheinen, weil ohne fachliche Beratung der örtlichen Betriebe, wie die Erfahrung gelehrt hat, oft erfolglos gebohrt und Material, Arbeitskraft, Zeit und Geld vergeudet werden. Künftig werden solche Bohrungen von den zu gründenden Bezirksgeologenstellen bearbeitet werden.

Meistens ist der Ausgangspunkt der Bearbeitung ein Gutachten über die Lagerstättenperspektive des Betriebes, das nur in seltenen Fällen ohne den Vorschlag, Bohrungen bzw. Schürfe durchzuführen, abgegeben werden kann, vor allem nicht bezüglich Verbreitung, Mächtigkeit und Ausbildung der Lagerstätte in der weiteren Umgebung des bestehenden Gewinnungsbetriebes. Das Ziel muß immer der Nachweis von Vorräten sein, die die Zentrale Vorratskommission aber nur anerkennt, wenn eine Berechnung an Hand der erforderlichen Unterlagen erfolgt ist. Daher wird in den Gutachten meist eine Abbohrung vorgeschlagen und begründet, jeweils mit Hinweisen auf die erforderliche Bohrtiefe, die Anzahl der Bohrungen und die benötigte Gesamtbohrmeterzahl.

Bei diesen Arbeiten wurden im Laufe der Jahre eine Reihe Erfahrungen gesammelt, die für eine sachgemäße Durchführung wichtig sind und daher mitgeteilt werden sollen, zumal ähnliche oder gleiche Probleme überall auftreten dürften.[1])

Vorbereitende Maßnahmen

Wird ein Antrag auf Überwachung und Auswertung von Erkundungsarbeiten von einem Betrieb gestellt, so ist eine persönliche Rücksprache des Sachbearbeiters (Diplom-Geologe, Geologie-Ingenieur) mit dem Betriebsleiter, dem technischen Leiter und mit anderen nötig.

1. Für den vom Geologen zu entwerfenden Bohrplan hat der Betrieb beim zuständigen Rat des Kreises, Abt. Kataster, die Flurkarten in ausreichender Zahl, im allgemeinen 8 bis 10 Exemplare (zugleich für den Abschlußbericht) zu beschaffen. Der Bohrplan wird dem Betrieb zweifach zugeleitet, wovon ein Exemplar für den zu beauftragenden Bohrbetrieb bestimmt ist. Dieser liefert nach Übernahme des Auftrages zunächst einen Kostenanschlag.[2])

2. Vor Bohrbeginn sollte der Betrieb eine festzulegende Anzahl von Fächerkisten mit Deckeln für die Ablage der Bohrproben beschaffen oder anfertigen lassen (am zweckmäßigsten rd. 60 cm lang, 32 cm breit und 12 cm hoch bzw. mit einer Größe der Einzelfächer von ca. $7 \times 7 \times 7$ cm). Ebenfalls sollten Behälter (Kartons, Kunststoffdosen, Igelitbeutel, Säcke, Kisten — je nach Art des anfallenden Materials —) für die Probenahme der im Laboratorium zu untersuchenden Rohstoffproben bereitgestellt werden. Der Geologe schlägt in Übereinkunft mit der Werkleitung vor, wo die Untersuchungen vorgenommen werden sollen und ob gegebenenfalls technische Großversuche, z. B. Brennversuche, im Betrieb selbst oder an dritter Stelle erfolgen können.

3. Gleichzeitig ist der Betrieb darauf aufmerksam zu machen, daß die im Bohrplan angegebenen Bohransatzpunkte von einem zugelassenen Vermessungs-Ingenieur oder dem Kreisvermessungsdienst im Gelände durch zugespitzte Holzpfähle (unnumeriert, am besten mit rot gestrichener Kuppe) zu markieren und die gestoßenen Bohrungen nach Abschluß der Bohrarbeiten lage- und höhenmäßig einzumessen sind. Deshalb ist es nötig, daß sich das Werk möglichst frühzeitig darum bemüht, damit nach Antransport des Bohrgerätes sofort mit den Bohrarbeiten begonnen werden kann und keine unnötigen Wartezeiten entstehen.

Häufig werden Aufgabenstellung und Geländeform einen solchen Aufwand nicht gerechtfertigt erscheinen lassen. Eine lage- und höhenmäßige Einmessung der durchgeführten Bohrungen genügt dann, während die Verpflockung an Hand des Bohrplanes von Hilfskräften oder durch Kollegen des Betriebes, zusammen mit dem Bohrzeugführer, hinreichend genau erfolgen kann.

4. Dem Betrieb ist von vornherein klar zu machen, daß vom Geologischen Dienst nur die Bearbeitung der anfallenden Bohrproben, die Steuerung der Bohrarbeiten und die Auswertung der Ergebnisse in einem Abschlußbericht erfolgen können, keinesfalls eine Überwachung der Bohrarbeiten selbst, d. h. die Kontrolle der Bohrtätigkeit und die Abnahme der fertiggestellten Bohrlöcher. Das hat vom Betrieb als Auftraggeber selbst zu geschehen.

Naturgemäß werden die Kollegen des Geologischen Dienstes bei allen Befahrungen auf auftretende Mängel hinweisen, auch gelegentlich Kontrollmessungen vornehmen sowie die Tätigkeit der Bohrmannschaft überprüfen, ohne für einen ordnungsgemäßen technischen Ablauf der Abbohrung die Verantwortung tragen zu können.

5. Es ist auch Sache des Betriebes, bei derartigen Betriebserkundungen die Bürgermeister und Grundeigentümer über die zu stoßenden Bohrungen zu informieren bzw. Schadenersatzfragen zusammen mit dem Bohrmeister zu regeln. Der Bürgermeister ist darum zu bitten, in Versammlungen und durch Anschlag bekanntzugeben, daß die Bohrpflöcke, die möglichst tief in das Erdreich hineingeschlagen werden müssen, durch die Grundeigentümer nicht entfernt werden dürfen. Der Betrieb hat sich außerdem vor Bohrbeginn über etwa im Bohrgelände verlegte Leitungen, Kabel usw. zu informieren, damit diese bei den Bohrarbeiten nicht beschädigt werden. Vom Ergebnis seiner Nachfrage ist der Geologische Dienst vor Bohrbeginn schriftlich zu unterrichten.

Nachdem die Vorbereitungen so weit gediehen sind, daß die Abbohrung ordnungsgemäß beginnen kann, ergibt sich die Frage, wie Bohrtätigkeit und alle Nebenarbeiten nach Möglichkeit so gesteuert werden können, daß der größtmögliche ökonomische Nutzeffekt erzielt wird. Dabei ist eine Reihe von Punkten zu beachten, die zweckmäßig dem Werk als Auftraggeber in Form von Richtlinien in doppelter Ausfertigung, möglichst schon zusammen mit dem Bohrplan, zu übergeben sind und deren Erhalt schriftlich zu bestätigen ist. Eine Ausfertigung kann dem Bohrbetrieb zugeleitet werden, damit die Forderungen des Geologen in den zwischen dem Werk als Auftraggeber und dem Bohrbetrieb abzuschließenden Vertrag aufgenommen werden können. Nur so ist eine ordnungsgemäße Ausführung der Bohrungen und damit eine fachlich einwandfreie Auswertung möglich.

Richtlinien für Abbohrungen auf Betriebsebene

1. Der bearbeitende Geologische Dienst ist spätestens drei Tage vor Bohrbeginn zu benachrichtigen, damit die Einweisung des Bohrmeisters im Gelände erfolgen kann und keine Fehlleitungen entstehen.

2. Die Bohrlöcher werden in der dem Bohrmeister angewiesenen Reihenfolge laufend numeriert. Unter Berücksichtigung der Bewachsung ist ein Versetzen der Bohrlöcher bis 10% (Abstand und Zwischenraum) zulässig. Während der Bohrarbeiten ist eine sorgfältige Mitnahme der Verrohrung notwendig, auch im anscheinend standfesten Gebirge (Lehm, Ton usw.), um eine Verunreinigung des

[1]) Hier werden nur Schappenbohrungen (Handbohrungen) behandelt. Bei Steinbruchserweiterungen kommen Schürfe und Kernbohrungen in Betracht, auf die die vorliegenden Richtlinien sinngemäß anzuwenden sind.

[2]) Da die Baustoffindustrie oft nicht über entsprechende Erfahrung verfügt, sollte sich der Geologe bereit finden, bei der Prüfung der Kosten behilflich zu sein, naturgemäß, ohne von sich aus Entscheidungen zu treffen.

Bohrgutes durch Nachfall aus den oberen Lagen auszuschließen.

Das Einbringen von Wasser in das Bohrloch zur Erleichterung der Bohrarbeiten ist grundsätzlich nicht gestattet, weil dadurch das natürliche Bohrgut verfälscht wird. Ausnahmen in fest gelagerten, nicht bauwürdigen Schichten bedürfen einer besonderen Genehmigung. Beim Auftreten von großen Steinen (Findlingen) in geringer Tiefe ist das Bohrloch um 1 bis 2 m zu versetzen, weil Meißeln im allgemeinen keinen Erfolg bringt.

3. Die Bohrtiefe wird vom bearbeitenden Geologen meter- oder schichtmäßig bei Bohrbeginn festgelegt. Die Teufenkontrolle bzw. Abnahme des Bohrloches erfolgt in Vertretung des Geologen oder seiner Hilfskräfte durch einen dem Geologischen Dienst schriftlich zu benennenden Beauftragten des Werkes. Bei der Abnahme wird das Bohrwerkzeug am Gestänge noch einmal in das Bohrloch eingefahren und kurz angebohrt. Eine Abnahme am eingefahrenen Seil ist unzulässig. Die Markierung erfolgt durch einen Kreidestrich in Höhe der Oberkante des Standrohres. Die ausgefahrenen Stangen werden ausgerichtet neben dem Bohrloch auf Holzböcken ausgelegt und mit dem Zollstock einzeln gemessen und zusammengerechnet. Der Überstand der Verrohrung über Geländeoberfläche ist von der Gesamtsumme abzuziehen. Die Messung erfolgt auf 10 cm genau. Differenzen zwischen der Teufenangabe des Bohrmeisters und der Kontrollmessung sind schriftlich festzulegen, wenn keine Klärung an Ort und Stelle erfolgen kann. Die Abnahme ist mit Bohrlochnummer und Datum durch Unterschrift im Bohrjournal zu bescheinigen.

4. Das Bohrloch wird sofort nach Abnahme mit dem Bohrgut verfüllt, wobei die ursprüngliche Schichtenfolge weitgehend wiederherzustellen ist. Größere Klumpen bindigen Materials (Ton, Lehm) sind zu zerkleinern. Etwa übrig bleibendes Bohrgut ist über dem verfüllten Bohrloch anzuhäufeln. Der Holzpflock erhält an der Seite die Bohrlochnummer (Tintenstift) und wird unmittelbar neben den Kegel des angehäufelten Bohrgutes gesetzt, damit das Bohrloch bei der Vermessung leicht auffindbar ist. Fertiggestellte Bohrlöcher sind zweiwöchentlich abzugehen und zur Unfallverhütung gegebenenfalls nachzufüllen. Eine gemeinsame Begehung sämtlicher Bohrlöcher erfolgt durch den Bohrmeister und einen Vertreter des Werkes zusammen mit dem Geologen oder einem seiner Mitarbeiter nach Beendigung der Abbohrung. Bei schwierigen geologischen Verhältnissen werden über die Verfüllung besondere Anweisungen gegeben (Verfüllungsplan).

Probenahme

a) Von jeder durchbohrten Schicht, also bei jedem Materialwechsel, ist unabhängig von der Mächtigkeit eine saubere, von allem Bohrschmant gesäuberte Probe in ein Fach der Fächerkiste abzulegen und geschützt vor Witterungseinflüssen unter Verschluß aufzubewahren. Alte Beschriftungen von Probekisten sind vor Bohrbeginn sorgfältig zu entfernen; die Kisten sind einwandfrei zu säubern. Sind einzelne durchbohrte Schichten mächtiger als 4 m, sind in 4-m-Abstand entsprechende Proben zu nehmen. Die Ablage in den Fächerkisten erfolgt laufend von links oben nach rechts unten. Auf den Trennleisten unter jedem Fach wird gut leserlich und haltbar Anfangs- und Endteufe der jeweiligen Schicht eingetragen. Die Bohrlochnummer ist jeweils bei der obersten Schicht auf den linken Querleisten zwischen den einzelnen Fächern zu verzeichnen.

Bei flachen Bohrungen braucht nicht für jedes Bohrloch eine neue Kiste benutzt zu werden. Jedoch ist zwischen zwei verschiedenen Bohrungen ein Fach freizulassen und auf der nächsten Querleiste die neue Bohrlochnummer zu vermerken. Erbohrte größere Steine, die nicht in die Probefächer passen, sind gesondert aufzubewahren und dem Geologen vorzuweisen. Über die Aufbewahrung bzw. Vernichtung von Bohrproben entscheidet der geologische Sachbearbeiter in Übereinkunft mit dem Betrieb.

b) Neben den geologischen Bohrproben sind nach besonderer Anweisung 1- bis 2-kg-Proben des Nutzungsgesteins sauber und von allen Verunreinigungen befreit in 2-m- bzw. 1-m-Abstand als Mischproben für Laboratoriumsuntersuchungen zu nehmen und in die bereitgestellten Kartons, Glasbüchsen, Beutel u. a. m. abzulegen und einwandfrei zu beschriften (Bohrlochnummer und Entnahmetiefe in m).

Außerdem ist ein Zettel mit denselben Angaben in die Probebehälter einzulegen. Bei stärkerem Wechsel in der Ausbildung der Nutzschicht hat sich die Probenahme den natürlichen Lagerungsverhältnissen anzupassen, und es sind ggf. in kleinerem Abstand Proben zu nehmen.

c) Die Entnahme von Großproben (25 bis 50 kg u. m.) für technische Großversuche wird besonders angeordnet.

6. Der Bohrmeister führt ein Tagebuch (Bohrbuch, Bohrjournal) und trägt in dieses gewissenhaft Bohrlochnummer, Bohrzeit und die erbohrten Schichten nebst zugehörigen Tiefen nach DIN 4022 auf 10 cm genau ein, wobei besonders auf geringmächtige Einlagerungen in der Schichtenfolge (z. B. dünne Sandlagen im Ton, geringmächtige Schluffhorizonte im Kiessand usw.) zu achten ist. Außerdem sind Beobachtungen über den Grundwasseranschnitt sowie über Änderungen in der Höhenlage des Grundwasserspiegels sorgfältig zu notieren, dazu Angaben über die Verrohrung sowie besondere Vorkommnisse (Steinhindernisse, Arbeitsausfall, Reparaturen, Witterung usw.) zu machen. Die Eintragung erfolgt laufend während der Bohrarbeiten, nicht erst am Abend bei Arbeitsschluß. Das Bohrbuch darf nur dem geologischen Sachbearbeiter und seinen Vertretern bzw. dem vom Werk zu benennenden Personenkreis zur Einsichtnahme vorgelegt werden. Bei Abwesenheit des Bohrmeisters ist es dem Vertreter zu übergeben, damit die Unterlagen während der Bohrarbeiten jederzeit greifbar sind.

Der Bohrmeister füllt täglich vom Geologischen Dienst zu liefernde Tagesberichtsformulare aus und leitet jeweils 3 Formulare (also wöchentlich zweimal, mittwochs und sonnabends) an den Geologischen Dienst. Anschrift, Dienststelle und Rufnummer angeben!

Formulare und Umschläge werden dem Bohrmeister bei Arbeitsbeginn übergeben.

Die Erfahrung hat gelehrt, daß bei klarer Zielsetzung und Einhaltung der vorbereitenden Maßnahmen und Richtlinien der geologische Abschlußbericht keine Schwierigkeit macht und der größtmögliche ökonomische Nutzeffekt erzielt wird.

Zusammenfassung

Es hat sich als zweckmäßig erwiesen, bei Bohrungen für Baustoffe auf Betriebsebene, deren geologische Bearbeitung und Auswertung dem Geologischen Dienst von Betrieben bzw. Kreisen übertragen werden, bestimmte Maßnahmen zu ergreifen, um die erfolgreiche Durchführung dieser Arbeiten zu gewährleisten.

Neben einleitenden Rücksprachen und Vereinbarungen müssen von Baustoffbetrieben und Bohrunternehmen die in diesem Beitrag behandelten Richtlinien eingehalten werden, ohne die keine Auswertung der Untersuchungsarbeiten möglich ist.

Резюме

Оказалось целесообразным принять определенные меры при бурении на строительные материалы на заводском уровне, геологическая обработка и интерпретация которых поручена геологической службе со стороны предприятий или районных административных органов, чтобы обеспечить успешное проведение этих работ.

Наряду с предварительными беседами и соглашениями, предприятие строительных материалов и буровое предприятие должны соблюдать освещенные в этой статье положения, без которых интерпретация результатов геологических работ невозможна.

Summary

To carry out successful drillings for building materials on a plant standard, certain measures have proved practicable when plants and authorities charge the geological service with the treatment and evaluation of those works.

In addition to preliminary consultations and agreements, directions given in the present paper must be observed by the building materials work and drilling firms, without which exploration works cannot be utilized.

Bodenschätzungskarten als Hilfsmittel für die quartärgeologische Neuaufnahme des Thüringer Beckens

KURT P. UNGER & DIETRICH RAU, Jena

Die 1953 in der DDR abgeschlossene Bodenschätzung der landwirtschaftlichen Nutzflächen hat in ihren Unterlagen ein vielseitig auswertbares dokumentarisches Material erbracht, das in übersichtlicher Darstellung auf den topographischen Karten der gebräuchlichen Maßstäbe in erster Linie für die verschiedenen Aufgaben der Planung verfügbar gemacht wird.

Weniger bekannt ist, daß derartige Bodenschätzungskarten auch eine immer breitere Nutzanwendung in der geologischen und bodenkundlichen Kartierungspraxis finden. Der nachfolgende Aufsatz vermittelt zunächst ihren Aussagewert für spezielle quartärgeologische Probleme. Wir betrachten ihn aber darüber hinaus als eine Anregung für alle kartierenden Fachkollegen, an dieser Stelle über ihre anderweitig gewonnenen Erfahrungen zu berichten, weil durch den Einsatz der Bodenschätzungskarte eine wesentliche Erleichterung und Beschleunigung der Geländearbeit erreicht werden kann. D. Red.

Für das Thüringer Gebiet liegt zwar ein vollständiges Netz geologischer Spezialkarten 1:25000 vor, zum weitaus größten Teil aber sind diese nicht nur in ihrer topographischen Grundlage, sondern auch hinsichtlich ihres geologischen Inhaltes veraltet. Dies gilt in besonderem Maße für die Kartenblätter des zentralen Thüringer Beckens. Da die in diesem Gebiet zwar weit verbreiteten, jedoch oft nur als mehr oder weniger geringmächtige Decken den Untergrund überlagernden Bildungen des Quartärs oftmals gar nicht zur Darstellung kamen (abgedeckt wurden), sind die vorhandenen geologischen Meßtischblätter für viele Belange der Praxis kaum noch als geeignete Arbeitsgrundlage anzusehen. Besonders solche Disziplinen, denen die geologischen Karten Aussagen über die Beschaffenheit des Bodens im weitesten Sinne ermöglichen sollten — wie Bodenkunde, z. T. Ingenieurgeologie, speziell aber Land- und Forstwirtschaft —, müssen deshalb auf deren Anwendung verzichten. Auch als Erkundungsbasis für Lagerstätten des Sektors Steine und Erden wäre mitunter eine möglichst detaillierte Darstellung der quartären Deckschichten von nicht zu unterschätzendem Wert.

Abb. 1. Meßtischblatt Sondershausen nach der Erstaufnahme von H. ECK 1864/69 (Ausschnitt)
Ohne Signatur — Trias, Längsschraffur — Geschiebelehm, Schrägschraffur — Löß bzw. Lößlehm

Aus diesen Gründen wird bei der seit einiger Zeit verstärkt in Angriff genommenen Neukartierung im Bereich der mitteldeutschen Trias im Normalfall keine „abgedeckte“ Karte hergestellt, und für Kartenbenutzer aus Kreisen der Land- und Forstwirtschaft soll außerdem ein gründlicher bodenkundlicher Teil zu den Erläuterungen der Karte ausgearbeitet werden. Künftig ist für diese überwiegend landwirtschaftlich genutzten Gebiete eine besondere bodenkundliche Kartierung geplant.

Im Laufe der Bearbeitung des Meßtischblattes Sondershausen (4631) stellte sich heraus, daß für eine solche komplexe Quartär- und Bodenkartierung, die sich nicht wie bisher mit der üblichen Lesesteinmethode begnügen kann, die Bodenschätzungskarte im Maßstab 1:10000

Abb. 2. Meßtischblatt Sondershausen nach Aufnahme der Bodenschätzung (Ausschnitt)
Ohne Signatur — V- und Vg-Böden, Längsschraffur — D- und DV-Böden Schrägschraffur — Lö-Böden, Schrägschraffur unterbrochen — LöV-Böden

Abb. 3. Meßtischblatt Sondershausen nach der Neuaufnahme von K. P. UNGER & D. RAU 1958 (Ausschnitt)
Ohne Signatur — Trias, Längsschraffur — Geschiebelehm, Schrägschraffur — Löß bzw. Lößlehm > 1 m mächtig, Schrägschraffur unterbrochen — dgl. < 1 m mächtig

ein wertvolles Hilfsmittel ist. Ihr Wert als Unterlage für die geologische Neuaufnahme besteht darin, daß sie auf die vorhandenen, bei der Erstkartierung nicht gefundenen bzw. nicht ausgeschiedenen tertiären und quartären Ablagerungen in landwirtschaftlich genutztem Gelände hinweist, deren Ausgrenzung wesentlich erleichtert und damit letzten Endes eine erhebliche Einsparung von Zeit und Arbeit ermöglicht.

Die Bodenschätzung wurde vor einigen Jahren im gesamten Gebiet der DDR zum Abschluß gebracht. Sie zielte zunächst über die Ermittlung der Ertragsfähigkeit aller Nutzflächen auf eine gerechte Besteuerung der landwirtschaftlichen Betriebe hin; jedoch wurde früher gleichzeitig die genaue Kennzeichnung des Bodens nach seiner Beschaffenheit, also eine Bodenbestandsaufnahme für das gesamte damalige Reichsgebiet gefordert.[1] Die dadurch geschaffenen Unterlagen sind in sog. Schätzungskarten und Schätzungsbüchern, in denen die Bodenprofile Tausender von Schürfen beschrieben sind, niedergelegt. In den Karten sind die „Klassenflächen" nach Bodenart, Zustandsstufe und Entstehungsart gegeneinander abgegrenzt.[2] Erst durch die Übertragung der Bodenschätzungsergebnisse von den Katasterplänen auf Karten einheitlichen Maßstabes wird eine breite Auswertung derselben ermöglicht. Bodenschätzungskarten im Maßstab 1:25000 auf Meßtischblattunterlage werden seit geraumer Zeit vom Zentralen Geologischen Dienst Berlin hergestellt und bei Bedarf für Geländearbeit auf 1:10000 vergrößert.

Für die quartärgeologische Kartierung wird man sich zunächst auf den Bodenschätzungskarten nach den eingetragenen Entstehungsarten der Böden orientieren. Dort sind V- und Vg- (= Verwitterungs-) von D- (= Diluvial-), Lö- (= Löß-) und Al-Böden (= Alluvialböden) unterschieden, wobei man mit der V-Gruppe alle Bodenbildungen auf prätertiären Gesteinen (einschließlich Tiefen- und Ergußgesteinen) zusammenfaßte, tertiäre Sedimente jedoch mit zur Gruppe der D-Böden stellte. Bezeichnungen wie DV bzw. LöV bedeuten dann quartäre (einschließlich tertiäre) Deckschichten bzw. Löß über älterem Untergrund; LöD z. B. Löß über Geschiebemergel usw. Dabei ist allerdings zu berücksichtigen, daß die Entstehungsart nicht von allen Bodenschätzern gleichmäßig richtig erkannt wurde. Hinzu kommt, daß man z. B. die Bezeichnung LöV nicht nur bei geringmächtiger Lößdecke über älterem Untergrund verwendete, sondern oft auch dann, wenn ein durch Verlagerung mit Lößlehm vermischtes Material festgestellt wurde.

Trotz dieser geringfügigen Einschränkung gibt aber im großen und ganzen die Bodenschätzungskarte ein weit besseres Bild über die Verbreitung und auch teilweise über die Entstehung der Quartärdecken als die geologische Erstaufnahme der Meßtischblätter des Thüringer Beckens. Dies zeigt eine Gegenüberstellung dreier Kartenausschnitte des Blattes Sondershausen recht deutlich (s. Abb. 1—3). So wurde der von H. ECK südöstlich Oberspier (Flurbezeichnung Schönhagen) ausgewiesene Geschiebemergel von der Bodenschätzung richtig als Löß ausgeschieden. Ähnliche Beispiele ließen sich auf dem gesamten Blattgebiet recht zahlreich feststellen.

Die deutlichste Übereinstimmung zwischen unserer Neukartierung des Jahres 1958 — sie wurde ebenfalls mittels Bohrstock und Schürfe durchgeführt — und den Ergebnissen der Bodenschätzung zeigen die Flächen der Lößbedeckung über 1 m Mächtigkeit (s. Abb. 2 u. 3). Abgesehen von der eckigen Grenzziehung, die allen Schätzungskarten eigen ist, decken sich die Lößareale bei beiden Kartenbildern fast völlig.

Weniger deutlich ist dagegen die Übereinstimmung der LöV-Flächen mit unseren Flächen geringerer Lößbedeckung (Löß 0,5—1 m mächtig), aber auch hier tritt zumindest eine gleichlaufende Tendenz eindeutig hervor.

Nicht oder nur sehr unvollkommen wurde von der Bodenschätzung die Geschiebemergelverbreitung im Raume Oberspier erkannt. Auf dem Spierberg südlich des Ortes erhielt der dm z. B. die Bezeichnung LöV, auf dem Hopfenberg ist er als V-Boden eingestuft, und nur auf dem Westteil des Rückens südlich des Frauentales erhielt er mit D bzw. DV die tatsächlich zutreffende Bezeichnung der Entstehungsart.

Trotz der Mängel in geologischer Hinsicht, die der Bodenschätzungskarte zweifellos anhaften, ist ihre Brauchbarkeit gerade für die quartärgeologische Aufnahme nach unseren auf Blatt Sondershausen 1958 gesammelten Erfahrungen unbestritten. Eine noch breitere Anwendung dürfte sich bei der Kartierung für die Bodenkarte 1:25000 erreichen lassen, da für diese neben der Entstehungsart auch Bodenart, Zustandsstufe und Bodenwertzahl wesentliche Hinweise zu geben vermögen.

[1]) Gesetz über die Schätzung des Kulturbodens vom 16. 10. 1934.
[2]) Die Bodenschätzung kartierte in folgender Weise: Das gesamte landwirtschaftlich genutzte Gelände wurde in einem systematisch angelegten Bohrnetz im Abstand von 50 × 50 m bis 1 m Tiefe erkundet. Für jede „Klassenfläche" (Fläche gleicher Bodenausbildung) wurde ein max. 1,5 m tiefes „bestimmendes Grabloch" angelegt. Es ist außerordentlich bedauerlich, daß die während der Bodenschätzung geschaffene, ungeheure Zahl von Aufschlüssen keine spezielle geologische Aufnahme erfuhr.

Löß und fossile Böden im mittleren Saale- und unteren Unstruttal

(Vorläufige Mitteilung)

RALF RUSKE, Halle (Saale) & MANFRED WÜNSCHE, Freiberg (Sa.)

Im Gebiet der mittleren Saale und unteren Unstrut sind durch Ziegeleigruben Aufschlüsse in pleistozänen Sedimenten geschaffen worden, die z. T. über 20 m Mächtigkeit aufweisen. Die Sedimente bestehen meist aus feinsandig-schluffigem Material mit einem mehr oder weniger hohen Gehalt an toniger Substanz und dienen der Ziegelindustrie als Rohstoff.

Die Verfasser nahmen die Profile folgender Gruben auf:

Ziegeleigrube Kalkwerke Rudelsburg/Bad Kösen-Lengefeld	Meßtischblatt: Naumburg
Abraum Kalksteinbruch Rudelsburg/Bad Kösen	Meßtischblatt: Naumburg
Ziegeleigrube Gerlach/Freyburg	„ Freyburg
Ziegeleigrube Kretzschau	„ Zeitz
Ziegeleigrube Hessé/Naumburg	„ Naumburg

Mit den Aufnahmen sollten Stratigraphie der pleistozänen Sedimente und fossile Bodenbildungen eingehend untersucht werden.

Zur exakten Bestimmung der einzelnen Sedimente und zur Kontrolle der geologischen und bodenkundlichen

Geländeaufnahmen wurden folgende Untersuchungsmethoden angewandt:

a) Korngrößenanalyse durch Kombination von Naßsiebung und Pipettverfahren nach KÖHN
b) $CaCO_3$-Bestimmung nach FRESENIUS-CLASSEN
c) Humusbestimmung nach der LICHTERFELDE-Methode

Ein Vergleich der einzelnen Untersuchungsergebnisse mit den Geländeaufnahmen zeigte völlige Übereinstimmung in der Deutung der Sedimente.

Beschreibung der geologischen Profile der aufgenommenen Gruben:

1. Ziegeleigrube der Kalkwerke Rudelsburg/Bad Kösen-Lengefeld

Schwemmlöß	
Fließerdekomplex	
Verlehmungszone	— Würm I/II Interstadial —
Schwemmlöß	Würm-Eiszeit
Übergang zur frühwürmeiszeitlichen Terrasse der Saale	

2. Abraum des Kalksteinbruches Rudelsburg/Bad Kösen

Schwemmlöß-Fließerde	
Solifluktionsschuttkomplex	Würm-Eiszeit
Bodenbildungskomplex	Riß/Würm-Interglazial
Fließerde	
Bodenbildungskomplex	— Ohe-Interstadial? —
Übergang zur frührißeiszeitlichen Saaleterrasse	Riß-Eiszeit
Flußschotter	
Kalksteine (mu_2)	

3. Ziegeleigrube Gerlach/Freyburg

Fluglöß	
Schwemmlöß	
Fließerde	
Verlehmungszone	— Würm I/II Interstadial —
Schwemmlöß	Würm-Eiszeit
Fließerde	
Bodenbildungskomplex	Riß/Würm-Interglazial
Fließerdekomplex	
glazifluviatiler Kies	
Freyburger Bänderton	
Schwemmlöß	Riß-Eiszeit
Fließerde	
Humusanreicherungszone	
Fließerdekomplex	
Bodenbildungskomplex	Mindel/Riß-Interglazial
Kalkstein (mu)	

4. Ziegeleigrube Kretzschau

Schwemmlöß	
Fließerde	Würm-Eiszeit
Verlehmungszone	
Sande und Kiese (Tertiär)	

5. Ziegeleigrube Hesse/Naumburg

Fluglöß	
Schwemmlöß	Würm-Eiszeit
Fließerdekomplex	
Bodenbildungskomplex	Riß/Würm-Interglazial
Fließerde	
Solifluktionsschutt	
Beckenschluff	Riß-Eiszeit
Solifluktionsschutt	
Schiefertone des Oberen Buntsandsteins (so_2)	

Zusammenfassend ergibt sich, daß 4 verschiedenaltrige fossile Bodenbildungen gefunden wurden, die vorwiegend Lösse voneinander trennen. Eine eingehende Beschreibung der Profile und Analysenergebnisse ist in Arbeit.

Anwendung der Dithizonchemie bei der geochemischen Prospektion

WERNER SCHRÖN, Jena

Im Jahre 1959 wurde im Raum Ilmenau (Thüringen) eine pedogeochemische Prospektion auf Buntmetallvererzungen durchgeführt. Die geochemische Prospektion ist in Deutschland eine sehr junge Erkundungsmethode. Sie bedarf insbesondere auf dem Gebiete der quantitativen Bestimmung kleinster Mengen von Metallionen großer Erfahrungen. Die Laborarbeiten für die geochemische Prospektion im Bereich des Objekts Katzmannstal wurden im mineralogischen Labor des Geologischen Dienstes Jena durchgeführt. Über die bei der Bestimmung des Bleis mit Dithizon gesammelten Erfahrungen wird im folgenden kurz berichtet.

Die geochemische Prospektion verlangt einfache Schnellmethoden, nach denen quantitative Metallbestimmungen einer sehr großen Probenmenge durchgeführt werden können. Mikrochemie, Spektralanalyse, Polarographie und evtl. Röntgenspektrometrie sind im wesentlichen die bei der geochemischen Prospektion einsatzfähigen Analysenmethoden. Die Auswahl der Analysenmethode hängt von der Art und Menge des zu bestimmenden Elementes, von der Anzahl der Analysenproben und von deren Zusammensetzung ab. Neben Schnelligkeit, Billigkeit, sehr hoher Empfindlichkeit und großer Genauigkeit haben die mikrochemischen Methoden noch den Vorzug, im Gelände selbst eingesetzt werden zu können.

Die Dithizonchemie nimmt im Rahmen der Mikrochemie einen beachtlichen Raum ein. 18 Metallionen, die sog. Dithizonmetalle, bilden bei verschiedenen p_H-Werten mit Dithizon (Diphenylthiocarbazon) innere Komplexverbindungen, die in organischen Lösungsmitteln löslich sind. Beim Schütteln der wäßrigen Lösung eines Metallions mit einer Lösung von Dithizon in einer mit Wasser nicht mischbaren organischen Flüssigkeit bildet sich an der Phasengrenzfläche Metall-Dithizonat. Da die Metall-Dithizonate im Wasser so gut wie unlöslich sind, wandern sie quantitativ in die organische Phase. Die Dithizonatlösungen sind intensiv gefärbt und photometrierbar; es überwiegen rote, gelbe und violette Töne, je nach der Art und Wertigkeit des Metallions, während die Lösung des freien Dithizons grün gefärbt ist. Die Dithizonate sind z. T. sehr lichtempfindlich. Ag^+, Hg^{2+}, Pd^{2+}, Pt^{2+}, Au^{3+} und $Po^?$ sind bei Verwendung von Tetrachlorkohlenstoff schon aus stark saurer Lösung als Dithizonate extrahierbar, Cu^{2+}, Bi^{3+} und In^{3+} zwischen p_H 2 und 6, Sn^{2+}, Zn^{2+}, Cd^{2+}, Co^{2+}, Ni^{2+} und Pb^{2+} um p_H 7 und Fe^{2+}, Mn^{2+} und Tl^+ nur über p_H 7. Bei Verwendung von Chloroform verschiebt sich bei den meisten Metallionen der Extraktionsbereich um 1—2 p_H-Einheiten ins Alkalische. Somit ist beim Arbeiten im definierten p_H-Bereich eine gemeinsame Extraktion von nur wenigen Dithizonmetallen möglich. Für Einzelbestimmungen ergibt sich daraus die Möglichkeit der Trennung eines Kations vom größten Teil der Dithizonmetalle. Die Trennung der übrigen störenden Kationen erfolgt auf Grund von Affinitätsunterschieden der Metallionen zu Dithizon und durch Zusatz von Tarnmitteln. Die wichtigsten Tarnmittel sind: Cl^-, Br^-, SCN^-, CN^-, $S_2O_3^{2-}$ und Äthylendiamintetraessigsäure, wobei die Wirksamkeit dieser Tarnmittel vom p_H-Wert und von der Art und Konzentration des zu tarnenden Kations abhängig ist. Es gibt eine Vielzahl von Trennungsvorschriften für die Bestimmung der einzelnen Dithizonmetalle, auf die hier im einzelnen nicht eingegangen werden kann. Eine Zusammenstellung sämtlicher Arbeitsvorschriften mit Dithizon findet sich bei IWANTSCHEFF (1958).

Bei Extraktion aus alkalischer Lösung werden durch Zusatz von Zitronensäure oder Weinsäure bzw. Citrate oder Tartrate Metallhydroxyde in Lösung gehalten. Starke Oxydationsmittel zerstören Dithizon und werden deshalb vor der Extraktion mit Hydroxylaminhydrochlorid oder anderen Reduktionsmitteln beseitigt.

Die Auswertung erfolgt maßanalytisch oder kolorimetrisch. Bei den maßanalytischen Methoden wird mit einer eingestellten Dithizonlösung titriert und geschüttelt, bis kein Farbumschlag mehr erfolgt. Bei den kolorimetrischen Analysenmethoden wird entweder visuell durch Vergleich der Farbintensitäten der Analysen- und Eichproben ausgewertet oder die Farbintensität wird spektralphotometrisch gemessen. In beiden Fällen kann nach der Ein- oder Mischfarbenmethode gearbeitet werden. Bei der Mischfarbenmethode enthält der Extrakt neben dem Metall-Dithizonat noch freies Dithizon. Bei der Einfarbenmethode wird der Dithizonüberschuß mit alkalisch-wäßriger Lösung herausgewaschen. Bei den spektralphotometrischen Methoden wird der Metallgehalt mittels einer Eichkurve bestimmt, während bei den visuellen Verfahren in zeitlichen Abständen Vergleichsproben hergestellt werden. Die Spektralphotometrie ist im allgemeinen der visuellen Auswertung vorzuziehen. Die Mischfarbenmethoden eignen sich nur bei Serienanalysen. Die Auswahl der Methode richtet sich in erster Linie nach Art und Menge des Dithizonmetalls. Bei größeren Metallmengen (über 100 μg) arbeiten die maßanalytischen Verfahren am genauesten.

Die Empfindlichkeit der Dithizonmethode ist sehr groß. Am geeignetsten für die kolorimetrische Analyse sind Metallmengen zwischen 0,1 und 100 μg. Der methodische Fehler beträgt bis 3%, der zeitliche Aufwand für eine Bestimmung ca. 10 Minuten ohne Aufschluß. Werden mehrere Bestimmungen nebeneinander bearbeitet, so tritt erhebliche Zeitersparnis ein.

Chemikalien und Geräte

Bedingt durch die große Empfindlichkeit der Methode müssen in bezug auf Sauberkeit bzw. Qualität an Chemikalien und Geräte ganz besonders hohe Ansprüche gestellt werden. Vor allem ist der Reinheit des Wassers große Beachtung zu schenken. Geräte aus Jenaer Hartglas sind geeignet, Polyäthylenflaschen sind besonders für Wasser und alkalische Lösungen zweckmäßig. Als Vorratsflasche für gereinigte Dithizonlösungen wird eine schwarzlackierte Flasche verwendet. Gummistopfen und Meßgeräte mit Emaille dürfen nicht benutzt werden.

Die handelsüblichen p. a.-Chemikalien genügen meist den Anforderungen nicht, da sie Schwermetallspuren enthalten. Das gleiche gilt für einfach destilliertes Wasser. Daher ist es notwendig, bidestilliertes Wasser zu verwenden und Chemikalien dithizongerecht zu reinigen. Salz- und Salpetersäure werden, soweit Reinigung erforderlich ist, destilliert. Schwermetallspurenfreie Ammoniaklösung erhält man durch Sättigung des dithizongerechten Wassers mit Ammoniak im Exsikkator. Tarn- und andere Lösungen werden am zweckmäßigsten beim entsprechenden p_H-Wert mit Dithizonlösung ausgeschüttelt, bis kein Farbumschlag mehr erfolgt. Die Reinigung ist mit konzentrierten Lösungen durchzuführen, da sich sonst das in der wäßrigen Phase lösende Dithizon schlecht bzw. nicht entfernen läßt. Die Beseitigung des gelösten Dithizons erfolgt durch wiederholtes Schütteln mit reinem organischem Lösungsmittel. Auch vorgereinigte Glasgeräte werden durch Behandlung mit Dithizon schwermetallspurenfrei. Dieses Reinigungsverfahren hat den Vorteil, daß Schwermetallspuren durch Farbumschlag angezeigt werden. Die Reinigung des Wassers mit Dithizon ist bei Geländearbeiten geeignet, im Labor wegen des großen Chloroform- oder Tetrachlorkohlenstoffverbrauchs zu kostspielig. Im Dithizonlabor ist die Wasserbidestille am zweckmäßigsten. Die Reinheit des bidestillierten Wassers ist laufend zu überprüfen. Alle Geräte und Chemikalien müssen ständig durch Blindproben auf Abwesenheit von Metallionen untersucht werden.

Organische Lösungsmittel

Chloroform und Tetrachlorkohlenstoff sind die meistverwendeten Lösungsmittel für Dithizon und Dithizonate. Die Qualität der organischen Lösungsmittel ist ausschlaggebend für die exakte Durchführung der Dithizonanalyse. Tetrachlorkohlenstoff hydrolysiert bei Zutritt von Wasser langsam, wobei unter anderem Phosgen, Chlor und Chlorwasserstoff gebildet werden. Diese Verbindungen greifen Dithizon an. Durch die Eigenzersetzung verhält sich Tetrachlorkohlenstoff verschiedener Lieferungen unterschiedlich gegen Dithizon. Chloroform verhält sich ähnlich, jedoch ist die Neigung zur Eigenzersetzung wesentlich geringer. Dithizonlösungen in Chloroform sind titerbeständig. Aus diesem Grunde ist die Verwendung und Rückgewinnung von Chloroform einfacher, so daß als organisches Lösungsmittel in der Dithizonchemie trotz des höheren Preises Chloroform zu empfehlen ist.

Das handelsübliche p. a.-Chloroform ist meist für die Dithizonchemie unbrauchbar. Dieses Chloroform wird mit wenig Dithizon versetzt und destilliert. In den meisten Fällen genügt einfache Destillation. Das Chloroform wird nach IWANTSCHEFF folgendermaßen geprüft: Man verdünnt eine konzentrierte Dithizonlösung mit dem zu untersuchenden Präparat, bis die Konzentration des Dithizons 2,5 μm ist. Der Wirkungswert solch einer Lösung darf nach 24 Std. höchstens 10% unter dem einer frischbereiteten Lösung gleicher Konzentration liegen. Durch Äthanolzusatz (maximal 1%) wird Chloroform stabilisiert; Äthanol verhindert die Bildung von Phosgen. Es ist sehr wichtig, Chloroform auf Vorrat zu destillieren, damit sämtliche Analysen einer Serie mit gleichwertigem Chloroform bearbeitet werden können; anderenfalls können Abweichungen entstehen, die den methodischen Fehler um das Zehnfache übertreffen.

Man sollte nicht versäumen, die Chloroformabfälle zu sammeln und aufzuarbeiten, da auf diese Weise eine erhebliche Verminderung der Unkosten zu erreichen ist. Bei den Bleibestimmungen für die geochemische Prospektion im Raum Katzmannstal wurde das Chloroform ständig zurückgewonnen. Die Unkosten für Chemikalien und Geräteverschleiß betrugen DM 630,—, während ohne Chloroformrückgewinnung die Materialunkosten mehr als DM 1300,— betragen hätten. Das bedeutet eine Reduzierung der Unkosten auf die Hälfte. Die Aufarbeitung des Chloroforms erfolgt am günstigsten durch Destillation der mit Natronlauge vorgereinigten Rückstände.

Vergleich von Dithizonmethode und Spektralanalyse

Die Vorbereitung des Probematerials zur Analyse (Zerkleinern, Trocknen und Sieben) ist bei beiden Methoden gleichartig. Während bei der Spektralanalyse stets die Gesamtmenge eines Elementes zur Anregung gelangt, kann man bei chemischen Bestimmungen je nach Art des Aufschlusses einmal sulfidisch gebundenes + elementares Metall bestimmen (Königswasseraufschluß), zum anderen durch Schmelzaufschluß den gesamten Metallgehalt in Lösung bringen. Meist interessiert nur sulfidisches und evtl. vorhandenes elementares Metall, so daß der wesentlich einfachere Königswasseraufschluß genügt. Sollen mehrere Elemente mikrochemisch in einer Probe bestimmt werden, so ist nur ein Aufschluß notwendig. Von einer definierten Lösung werden aliquote Mengen für die Bestimmung der einzelnen Elemente verwendet, oder die Elemente werden durch Trennung nacheinander in einer Lösung bestimmt.

Vergleicht man die Unkosten der Dithizonchemie mit denen der Spektralanalyse bei der Bestimmung eines Elementes, so zeigt sich, daß die Materialunkosten der Dithizonchemie etwas niedriger, jedoch die personellen wesentlich höher sind. Dabei können die Spektralplatten stets auf mehrere Elemente ausgewertet werden. Die Spektralanalyse hat die Vorzüge, daß die zeitraubenden Aufschlüsse wegfallen, solange ohne Anreicherung gearbeitet wird, und daß bei gleichen Arbeitsbedingungen mehrere Elemente nebeneinander bestimmt werden können. Schnelligkeit, Genauigkeit und Unkosten der Metallbestimmung sollten von Fall zu Fall entscheidend die Wahl der Methode beeinflussen.

Zur Ausrüstung des Dithizonlabors gehören an größeren Geräten eine Wasserbidestille und ein Spektrophotometer mit Monochromator. Das Labor ist unbedingt mit einer größeren Anzahl von Abzügen einzurichten, da ständig mit Chloroform, Tetrachlorkohlenstoff und Kaliumcyanid gearbeitet wird und diese Verbindungen äußerst giftig sind.

Zusammenfassung

Die Dithizonchemie ist eine für die geochemische Prospektion sehr geeignete quantitative Bestimmungsmethode. Sie zeichnet sich durch sehr hohe Empfindlichkeit und große Genauigkeit aus und hat gegenüber der Spektralanalyse u. a. Methoden den Vorzug, als Feldmethode eingesetzt werden zu können. Die Dithizonchemie stellt hohe Ansprüche an die Reinheit der Chemikalien und Geräte, und deshalb führen nur peinlich sauberes Arbeiten und genaues Einhalten der Arbeitsvorschriften zum gewünschten Erfolg.

Резюме

Дитизонная химия является целесообразным количественным методом для геохимических поисков. Этот метод отличается очень высокой чувствительностью и большой точностью. По сравнению с спектральным анализом и другими методами он обладает тем преимуществом, что может быть применен как полевой метод. Но этот метод предъявляет высокие требования к чистоте химикалий и инструментов и поэтому только крайняя чистота и строгое соблюдение рабочих правил ведут к успехам.

Summary

Dithizone chemistry is a most suitable quantitative method of determination for geochemical prospecting. The dithizone method is distinguished by a very high sensitivity and considerable accuracy and, compared to spectral analysis and other methods, has the advantage of being usable as a field method. As dithizone chemistry makes great demands on the cleanliness of chemicals and equipment, the desired result is only obtainable by scrupulously clean operating techniques and precise observance of directions for procedure.

Literatur

Beguinot, J.: Méthodes d'analyses utilisées au BRGGM en prospection microchimique. — Ref. Bulletin D'Information 1955—1957, Université Libre de Bruxelles.

Fischer, H. & G. Leopoldi,: Colorimetrische Bestimmung von Blei und Kupfer mit Dithizon. — Z. f. angewandte Chemie, **47** (1934), S. 90.

Ginsburg, I. I.: Theoretische Grundlagen für geochemische Prospektionsmethoden. — Moskau 1957.

Iwantscheff, G.: Das Dithizon und seine Anwendung in der Mikro- und Spurenanalyse. — Weinheim/Bergstraße 1958.

Rösler, H. J.: Abschlußbericht über die geochemische Prospektion im Bereich des Objektes Katzmannstal. — GD Jena, Aug. 1959 und Jan. 1960.

Der Delta-Plan, das zweite große Vorhaben zur Umgestaltung der Niederlande

Günther Sager, Warnemünde

Sturmfluten und Küstensicherung in Südwestholland

Bereits nach den Sturmfluten früherer Jahre hatte man sich Gedanken über eine Sicherung der Küste in großem Maßstab gemacht. Die Katastrophe von 1953, die allein in Südwestholland im Gebiet der Seearme von der Wester-Schelde bis zum Haringvliet und an den Unterläufen der Flüsse 400 Deichbrüche zur Folge hatte, gab den Anstoß zur Intensivierung aller Bemühungen, obgleich zunächst monatelang die Beseitigung der Flutschäden im Vordergrund stand. Grundsätzlich bestehen zwei Möglichkeiten zur Sicherung der Küste: entweder eine Erhöhung aller gefährdeten Deichstrecken je nach lokaler Bedeutung — Bevölkerungsdichte, Industriezentren, wertvolle Acker- und Gartenbaukulturen usw. — und der Höhenlage sowie der spezifischen Eigenheiten um 1,50 bis reichlich 2 m oder eine Abdämmung der Seegaten — Haringvliet, Seegat von Brouwershaven, Ooster-Schelde und Veeregat — zum Zwecke einer beträchtlichen Verkürzung der gefährdeten Küstenstrecken. Beide Pläne sollen jetzt kurz einander gegenübergestellt werden.

Hollands Wassergrenzen zeigen folgendes Bild: Die Länge der unmittelbar an die Nordsee grenzenden Deiche und Dünen beträgt etwa 400 km, entlang der Waddenzee und den Ufern der sogenannten Seearme 800 km; dazu kommen noch reichlich 500 km sturmflutgefährdete Deiche an den Unterläufen der Flüsse. Eine Erhöhung der Deiche wäre auf einer Länge von 800 km erforderlich. Durch sorgfältige Überlegungen ist man betreffs der Höhen zu folgenden Ergebnissen gekommen: Als Regel soll gelten, daß die Deichhöhen in Südwestholland mindestens 1 m über dem höchsten Wasserstand bei der Sturmflut von 1953 liegen, da man mit der Möglichkeit einer Überschreitung um diesen Betrag rechnen muß, obwohl z. B. die Wahrscheinlichkeit eines Wasserstandes von 3,85 m über N. A. P. in Hoek van Holland wie bei dieser Flut nur 1:300 war, also ein solcher Fall im statistischen Mittel nur einmal in 300 Jahren eintritt. Am gleichen Ort beträgt die Wahrscheinlichkeit für einen den Plänen zugrunde gelegten Wasserstand von 5,00 m über N. A. P. sogar nur noch 1:10000. Neben der Wasserstandshöhe muß man natürlich die örtliche Wellenhöhe berücksichtigen, um Hinterspülungen der Deiche und die Gefahr von Kappstürzen zu vermeiden.

Da die Ausführung solcher Pläne auf lange Sicht geplant sein muß, darf man auch Niveauänderungen von Land und Meer nicht außer acht lassen. Die seit rund 2000 Jahren anhaltende Küstensenkung im Gebiet der Niederlande beträgt in der Gegenwart im Mittel 15 cm pro Jahrhundert. Ein solcher Betrag mag im Moment belanglos erscheinen, gewinnt aber im Laufe der Jahrhunderte an Bedeutung und hat nicht zuletzt die gesamte Entwicklung des niederländischen Deich- und Siedlungswesens entscheidend beeinflußt.

Eine Erhöhung der gefährdeten Deiche auf die Sicherheitshöhe ist aber vor allem entlang der Unterläufe der Flüsse nicht überall möglich — wenigstens nicht über 1,50 m —, da auf den Deichen Häuser und Industrien liegen, die betriebsfähig erhalten bleiben müssen. Außerdem dürfte der Unterhalt von 800 km Deichlänge sehr kostspielig und bei eventuell sich abermals nötig machender Erhöhung sogar unratsam sein, so daß man geneigt sein könnte, dem Plan zur Abdämmung der Seegaten — dem sogenannten Delta-Plan — den Vorzug zu geben, bei dem die zu erhaltende Länge der Küstenlinie auf 450 km zurückgeht.

Abgesehen von den wasserbaulichen Schwierigkeiten bei der Abdämmung wird bei Ausführung des Delta-Planes die Schiffahrt auf die Wester-Schelde mit dem Zugang zu Antwerpen und den Nieuwen Rotterdamschen Waterweg als Rheinmündung beschränkt. Zwar werden die übrigen Seearme viel weniger befahren, doch tritt eine wesentliche Erschwerung der Küstenfischerei auf, weil dann von einer Reihe kleinerer Häfen weite Wege bis zur offenen See zurückzulegen sind. Durch die allmähliche Aussüßung der abgeschlossenen Seearme müßten auch wertvolle Austern- und Muschelkulturen zugrunde gehen.

Die Versalzung der niederländischen Marschen und Flüsse

Für die namentlich in den vergangenen Jahrzehnten beängstigend angewachsene Versalzung der niederländischen Marschen und Flüsse sind eine Reihe von Faktoren maßgebend:

1. zunehmender direkter Einstrom von Seewasser,
2. Infiltration von Salzwasser,
3. verstärkter Entzug von Süßwasser,
4. Verunreinigung durch Abwässer.

Im einzelnen ist dazu folgendes zu sagen:

1. Der zunehmende direkte Einstrom von Seewasser hat sowohl natürliche als auch künstliche Ursachen.

Einmal können sich Flußläufe und Seegaten, unterstützt durch den ständigen Wechsel von Flut- und Ebbe-Strom, durch allmähliche Abtragung der Sohle, vertiefen. Häufiger tritt jedoch durch die Ablagerung der marinen und fluvialen Sinkstoffe in der Brackwasserzone das Gegenteil ein, so daß für die Schiffahrt mit ihren zunehmenden Tiefgängen innerhalb der letzten 100 Jahre in den flachen Unterläufen der holländischen Flüsse die Fahrrinne immer wieder ausgebaggert werden mußte.

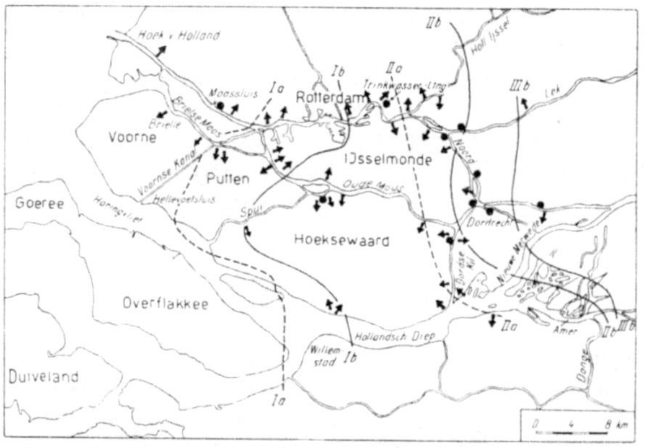

Abb. 1. Verlauf der Salzgehaltsgrenze bei verschiedenem Oberwasser (nach v. VEEN)
Salzgrenze von 300 mg Cl/l bei a — Niedrigwasser, b — Hochwasser
I — Mittlere Rheinabfuhr von 2200 m^3/sec,
II — Minimale Rheinabfuhr von 590 m^3/sec,
III — Äußerstes Vordringen der Salzgrenze bei Trockenheit und kräftigem Westwind 1949
Süßwasserentnahme für • Trinkwasserzwecke, † Bewässerungszwecke

Als Folge dieser Baggerarbeiten tritt ein vergrößerter Tidenhub und damit ein merklich weiteres Eindringen der Gezeiten in die Unterläufe der Flüsse, also eine Verschiebung der Salzgrenze landeinwärts auf. Diese Entwicklung ließ sich besonders deutlich verfolgen, nachdem man 1920 begonnen hatte, den Nieuwen Waterweg — die heutige Hauptverbindung Rotterdams mit der Nordsee — auf 9 m unter die Niedrigwasserlinie auszubaggern.

Das schon bei mittlerer Oberwasserführung des Rheins — 2200 m^3/sec beim Eintritt in Holland — mit dem Hochwasser bis zu den Rotterdamer Hafenbecken vordringende salzhaltige Wasser ist infolge mangelnder Durchspülung nur schwer wieder zu entfernen. Bei geringem Oberwasser von 1000 m^3/sec, was im Durchschnitt an 20 Tagen im Jahr vorkommt, zieht das Salzwasser noch wesentlich weiter landein (vgl. Abb. 1), so daß sich das Brackwasser in den Hafenbecken festsetzt.

Schließlich sind noch Niveauschwankungen des Bodens und des Seewasserspiegels zu erwähnen. Durch die bis heute anhaltende Küstensenkung tritt eine langsame Vergrößerung der Tiefen und Oberflächen der Gewässer auf, die wiederum eine verstärkte Durchmischung von Salz- und Süßwasser zur Folge hat.

2. Die Salzwasserinfiltration kann ebenfalls natürlich oder künstlich bedingt sein. Auf die Wirkungen des Einsickerns von Salzwasser wurde man erst in jüngster Zeit aufmerksam. Am stärksten bedroht scheinen die in nächster Nähe des Meeres hinter der Dünenkette gelegenen Polder zu sein, soweit sie unter dem gewöhnlichen Hochwasserspiegel liegen. Die Situation dieser Polder ist in der Abb. 2 schematisch dargestellt. Die Dünenkette, unter der sich bis in eine beträchtliche Tiefe ein Süßwassersack befindet, bildet zwar einen Riegel gegen das Vordringen des Meersalzes, jedoch kann zwischen seiner Unterseite und einer in etwa 160 m Tiefe liegenden undurchlässigen Schicht das Salzwasser durch einen mehrere Dekameter hohen Spalt infiltrieren. Unter der Annahme einer extremen Spalthöhe von 120 m hat man für das Haarlemer Meer eine mögliche Zunahme des Chlorgehalts von gegenwärtig reichlich 600 mg/l auf rund 1000 mg/l errechnet. Günstig ist die schwer durch-

lässige, aber in ihrer Mächtigkeit sehr unterschiedliche Kleidecke der Polder. Da den Dünen ständig Süßwasser entzogen wird, sah man sich unlängst genötigt, durch zwei 80 bzw. 46 km lange Wasserleitungen aus dem Lek stammendes Flußwasser einzupumpen, um einerseits die Basis für das Trinkwasser und zum andern die Süßwasserlinse des Dünenzuges gegen das Meer zu erhalten. Die Kosten für die bis 1,50 m starken Rohrleitungen betrugen 50 Millionen Gulden.

Eine zweite Ursache für die Ausbreitung des Brackwassers liegt in der Bodensetzung, der die jüngeren und nach verbesserter Entwässerung auch die älteren Polder unterworfen sind und die vereinzelt bis zu 2 m betragen kann.

Weiterhin sind die durch menschliche Eingriffe hervorgerufenen Veränderungen der Landschaft zu nennen, die zum Teil schwer wiedergutzumachen sind. Groß sind die Schäden der früher in großem Umfang betriebenen Salzgewinnung aus Torf. Diese Torfstiche verwandelten sich zumeist in Seen und fielen bei Deichbrüchen nicht selten dem Meer anheim. Ein ähnliches Übel neuerer Zeit sind die zur Gewinnung von Sand und Kies für Bauzwecke gebaggerten Gruben von stellenweise 20 bis 30 m Tiefe, wobei häufig die die Salzinfiltration hemmende Kleischicht durchschnitten wurde. Schließlich wird dem unterirdischen Vordringen des Salzes auf dem niedrigen Lande noch durch die Ausnutzung von zahlreichen Sumpfgasquellen zu Beleuchtungszwecken Vorschub geleistet. Um die Ergiebigkeit des aus organischen Zersetzungsprozessen gebildeten und beim Austritt aus dem Boden von Brackwasser begleiteten Methans zu erhalten bzw. noch zu steigern, sind die Quellen oft durch Bohrungen erweitert worden, wobei man ebenfalls die Kleischicht durchlöchert und damit dem Salz den Zutritt eröffnet hat.

Als vierte Quelle der Salzinfiltration sind die Schleusen zu nennen. Mit jeder Einschleusung im Salz- bzw. Brackwassergebiet bekommt je nach der Größe der Schleusenanlage und der Dauer des Durchschleusens eine entsprechend große Salzmenge Zugang zu den Binnengewässern. An der Nordschleuse zu Ijmuiden — sie dient der Zufahrt großer Schiffe nach Amsterdam — kommen bei Abmessungen der Kammer von 400 × 50 × 15 m mit jeder Einschleusung 300000 m³ salzhaltiges Wasser in den anschließenden Nordseekanal. Bei einem wirksamen Unterschied von 16 gegen 11 gr Cl/l vor und hinter der Schleuse — gegenüber 17 und 5 gr Cl/l in der offenen See und bei Amsterdam — sind das 2500 t Kochsalz. Hinter den Schiffsschleusen am Absperrdamm zwischen Waddenzee und Ijsselmeer hält sich ein jeweils 20 km langer ausgedehnter Salz- und Brackwasserkeil. Während ein Entfernen des Salzes bei Fluß- und Kanalschleusen durch vorsichtiges Ablassen der Bodenwasserschicht möglich ist, erscheint das bei anschließenden, ausgedehnten Seen aussichtslos.

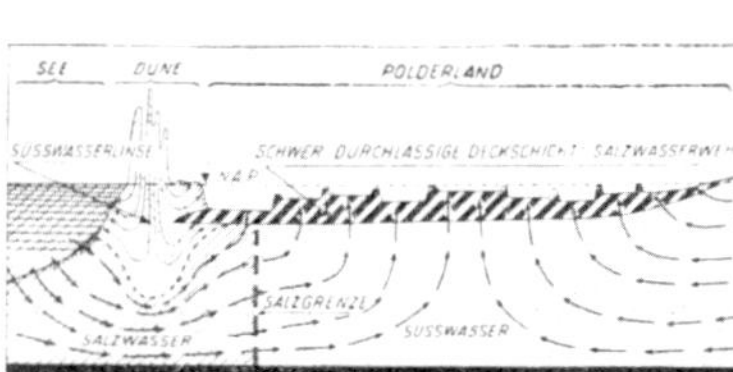

Abb. 2. Schema der Salzinfiltration in küstennahen Poldern (nach v. VEEN)

3. Der verstärkte Süßwasserentzug aus den Flußläufen zur Verwendung als Trinkwasser, als Nutzwasser für die Landwirtschaft und die Industrien hat eine starke Verlagerung der Salzgrenze landeinwärts mit sich gebracht.

Als Grenze des Salzgehalts wird im allgemeinen 100 mg Cl/l angegeben, jedoch kann man ohne Gefahr für die Gesundheit — allerdings unter Überschreitung der Geschmacksgrenze — bis zu 300 mg Cl/l gehen. Aber selbst bei diesem Zugeständnis an die Trinkwasserversorgung ist man bereits in Rotterdam in Schwierigkeiten geraten, weil sich die 300 mg-Cl/l-Grenze bei Hochwasser und mittlerer Rheinabfuhr bis dicht an die Entnahmestelle herangeschoben hat.

Ein Problem besonderer Art ist die Versorgung der Landwirtschaft und des Gartenbaues mit Süßwasser, das zu einem großen Teil den Unterläufen der Flüsse entzogen wird (vgl. Abb. 1). Seit etwa zwei Jahrzehnten kennt man die Abhängigkeit der Erträge vom Salzgehalt und weiß, daß das Gießwasser nicht mehr als 300 mg Cl/l enthalten darf, wenn nicht ein wesentlicher Rückgang der Ernteerträge eintreten soll. Da sich dieser Wert mit dem maximalen Chlorgehalt für Trinkwasser deckt, wird der Gehalt von 300 mg Chlor pro Liter meistens als Salzgrenze schlechthin bezeichnet.

4. Die Abwässer der Industrie mit ihrem oft beachtlichen Gehalt an Salzen haben den Rhein bereits in der oberrheinischen Ebene und weiter bis zum Ruhrgebiet direkt bzw. über seine Nebenflüsse aus anderen Industriezentren wie dem Elsaß, dem Saargebiet usw. verunreinigt. Ähnlich ist es mit der Maas, die ebenfalls ausgedehnte Industriegebiete durchfließt. Es wird umfangreicher Verhandlungen und diplomatischer Einsicht bedürfen, um die Anliegerstaaten des Rheins zu veranlassen, ihre industriellen Abwässer in andere Flüsse zu leiten, so z. B. die elsässischen Salze in die Rhône und die Abwässer des Ruhrgebiets in die Ems oder gar die Weser. Für die Niederlande hängt von der Lösung dieses Problems viel ab; denn von den aufgezählten Ursachen der Versalzung handelt es sich hier um diejenige, die nicht allein durch Initiative der Bewohner aufgehoben werden kann.

Die Abdämmung der Seearme und die Schaffung des Seeländischen Meeres

Schon seit reichlich zwanzig Jahren hat man sich eingehender mit dem Delta-Plan befaßt, und kurz vor der Sturmflutkatastrophe von 1953 war von staatlicher Seite die Forderung nach der Vorlage eines detaillierten Plans gestellt worden. In den folgenden Jahren wurde in intensiver Arbeit aller beteiligten Fachsparten in der „Delta-Kommission“ ein vorläufiger Plan ausgearbeitet, der dann von der niederländischen Regierung gebilligt wurde. Auf Grund der bisherigen Erwägungen und der Ergebnisse der zahlreichen Modellversuche durch das Waterloopkundig Laboratorium in Delft hat sich folgende Konzeption ergeben, die anschließend im einzelnen an Hand der Übersichtskarte (Abb. 3) erläutert wird:

1. Zur Sicherung des Südwestens der Niederlande gegen die Sturmfluten werden neben der bereits durchdämmten Brielsen Maas alle Seearme mit Ausnahme der Wester-Schelde, also der Haringvliet, das Zeegat van Brouwershaven, die Ooster-Schelde und das Veeregat, abgedämmt. Der Haringvlietdamm erhält Entwässerungsschleusen zur Abfuhr erhöhter Oberwassermengen sowie des winterlichen Treibeises von Rhein und Maas. Die oberhalb Rotterdam mündende Hollandsch Ijssel bekommt Sturmfluttore, die nur im Notfall geschlossen werden.

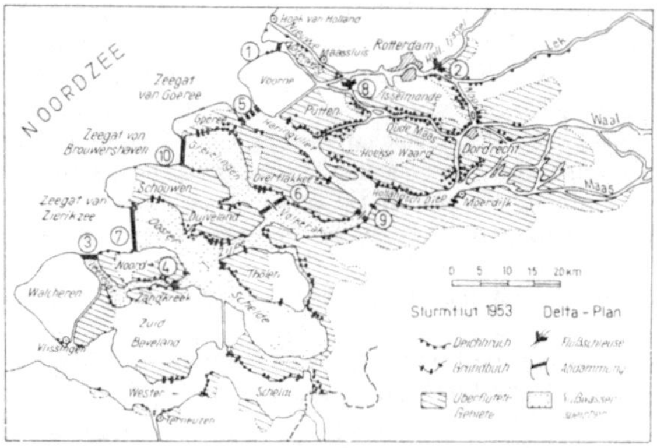

Abb. 3. Übersichtskarte zu den Sturmflutschäden von 1953 und dem Delta-Plan

2. Um während des Baustadiums dieser Anlagen zu hohe Stromgeschwindigkeiten in den Durchlässen zwischen den einzelnen Inseln des Deltagebiets zu verhindern, ist im oberen Grevelingen und im Zandkreek ebenfalls je ein Absperrdamm notwendig, mit dessen Bau rechtzeitig begonnen werden muß.

3. An den Ufern der nicht endgültig oder erst während der späteren Baustadien in den Delta-Plan einbezogenen Gebiete müssen die bestehenden Deiche auf die Sicherheitsgrenze erhöht werden, was bald und unabhängig von den übrigen Arbeiten geschehen kann. Betroffen werden davon die Wester-Schelde, das Zeegat van Brouwershaven bis zum Grevelingen-Damm und der Nieuwe Waterweg einschließlich Nieuwe und Oude Maas.

4. Zur Verbesserung des Wasserhaushalts der Niederlande wird der Komplex der Seearme zwischen Goeree-Overflakkee und Noord-Zuid-Beveland in einen Süßwasserspeicher — das Zeeuwse Meer — verwandelt, wozu neben den bereits genannten Abdämmungen nur noch der Volkerak bis auf ein Durchlaßwerk abgeriegelt werden muß. Zur Einschränkung der Süßwasserabfuhr ins Meer wird die Oude Maas mit einem gegen das Oberwasser kehrenden Tor versehen, das bei Sturmfluten geöffnet bleibt, damit sich die Wassermassen auf das Hollandsch Diep, den Haringvliet und, falls nötig, über den Volkerak in das Seeländische Meer verteilen können.

Die Besprechung des Delta-Plans soll entsprechend der vorgesehenen Folge der Fertigstellung der einzelnen Bauwerke geschehen. Die wahrscheinliche Reihenfolge der Inbetriebnahme entspricht den in Abb. 3 in den Kreisen eingetragenen Nummern. Für alle noch durchzuführenden Abdämmungen sind in Abb. 4 Teilkarten mit Angaben über die Tiefen und die Lage der Sände wiedergegeben, weitere Einzelheiten enthält die Tabelle.

Die Brielse Maas (1) ist die ursprüngliche Zufahrt nach Rotterdam, die im Laufe der Jahrhunderte immer mehr versandete und an Bedeutung verlor, aber als Einfallstor bei Sturmfluten gefährlich wurde, so daß man sie 1950 durchdämmte. Im Rahmen dieser Arbeiten wurden 1500 ha Uferländereien gewonnen und das Gebiet zu einem Erholungszentrum umgestaltet.

Die Hollandsch Ijssel (2) übertrifft die Höhenlage der angrenzenden Polder bereits bei Niedrigwasser um fast 1 m und bei Hochwasser um 2,50 m. Bei der Sturmflut 1953 erreichte ihr Wasserspiegel rund 5,50 m über dem Kulturland zu beiden Seiten und stand stellenweise mit der Deichkappe auf einer Höhe. Da etwas vom Fluß entfernte Polder noch bis zu 5 m (!) tiefer liegen als die Anrainer, hätten Deichbrüche verheerende Folgen, die man durch den Bau von Sturmfluttoren (1954—1958) verhindert hat.

Die Abdämmung des Zandkreek (4) ist eine Vorsichtsmaßnahme, da beim Bau und Abschluß des Veeregat-Damms (3) im Zandkreek bei offener Ooster-Schelde starke Gezeitenströme zu erwarten sind. Durch die Schaffung dieser beiden Dämme wird Noord-Beveland mit Walcheren und Zuid-Beveland verbunden.

Der Haringvliet-Damm (5) ist einerseits von allen Bauabschnitten am einfachsten zu bewältigen und bietet zum andern die größte Sicherheit gegen Sturmfluten, weil nach seiner Fertigstellung die Maximalwasserstände in ausgedehnten Gebieten von Südholland und Brabant um mehrere Dezimeter sinken (Abb. 5). Als erste Epoche werden gegenwärtig im Haringvliet 60 Entwässerungsschleusen von je 16 m Breite gebaut, die bis zum Dammschluß offen bleiben, um zu hohe Stromgeschwindigkeiten zu vermeiden. Diese Schleusen werden später im allgemeinen bei Flut geschlossen und bei Ebbe teilweise oder ganz geöffnet. Sie dienen der Regulierung der Süßwasserabfuhr von Rhein und Mass, wobei die Salzgrenze, sowohl im Waterweg als auch im Haringvliet, zurückgedrängt wird.

Im oberen Grevelingen (6) muß ein Damm gezogen werden, weil der gleichzeitige Abschluß des Brouwers-

Daten der Abdämmungen der niederländischen Seearme und der Vergleich zu den verbleibenden Schiffahrtswegen

Abdämmung	Geographische Lage	Mittlerer Tidenhub Spring/Nippzeit m	Maximaler Gezeitenstrom kn	Mittlerer Durchfluß pro Halbtide 10^6 m³	Voraussichtliche Dammlänge km	Maximale Tiefe der Rinnen bei mittlerem Spring-NW. m	Zu querende Sande und Bänke	Technische Besonderheiten
Ooster-Schelde	Schouwen/ Nord/Beveland	3,2/2,5	2,0 bis 2,5 (e,a)	**900**	**8,50**	**25,15, > 40**	Roggenplaat, Neeltje Jans	Spülkanal
Brouwershavensches Gat	Goeree/Schouwen	2,7/2,1	2,2 (e)	300	6,50	15,15	Hompelvoet	Spüleinrichtung
Haringvliet	Voorne/Goeree-Overflakkee	2,0/1,6	2,3 (e) 2,4 (a)	300	4,00	10, 5	Plaat van Scheelhoek	Entwässerungs- und Seeschleusen
Grevelingen	Overflakkee/ Duiveland	3,3/2,6	1,9 (e,a)	250	5,50	12,15	Noordplaaten	Binnenschleuse
Volkerak	Overflakkee/ Nord-Brabant	etwa 2,3/2,0	1,9 (e), 2,4 (a)	170	1,75	5	sehr wenig Sande	Durchlaßwerk und Binnenschleuse
Veeregat	Nord-Beveland/ Walcheren	3,3/2,6	**2,6 (e), 2,4 (a)**	140	2,50	7	Onrust	—
Brielse Maas	Rozenburg/Voorne	etwa 1,7/1,3	2,2 (e) 1,7 (a)	25	1,25	2,5	bereits vor dem Abschluß 1950 teilweise versandet	—
Zandkreek	Nord-Beveland/ Süd-Beveland	**3,4/2,6**	0,8 (e), 0,6 (a)	15	1,00	<5	Sande an beiden Ufern	Binnenschleuse
Nieuwe Waterweg (Mündung)	Nordsee-Rotterdam-Rhein	1,7/1,3	2,7 (e), 3,0 (a)	75	Breite 0,7	11	—	—
Wester-Schelde bei Vlissingen	Nordsee-Antwerpen-Schelde	4,3/3,0	2,5 (e, a)	750	4,4	23	Hooge Plaaten	—

Bem.: (e) = einlaufender Strom, a = auslaufender Strom

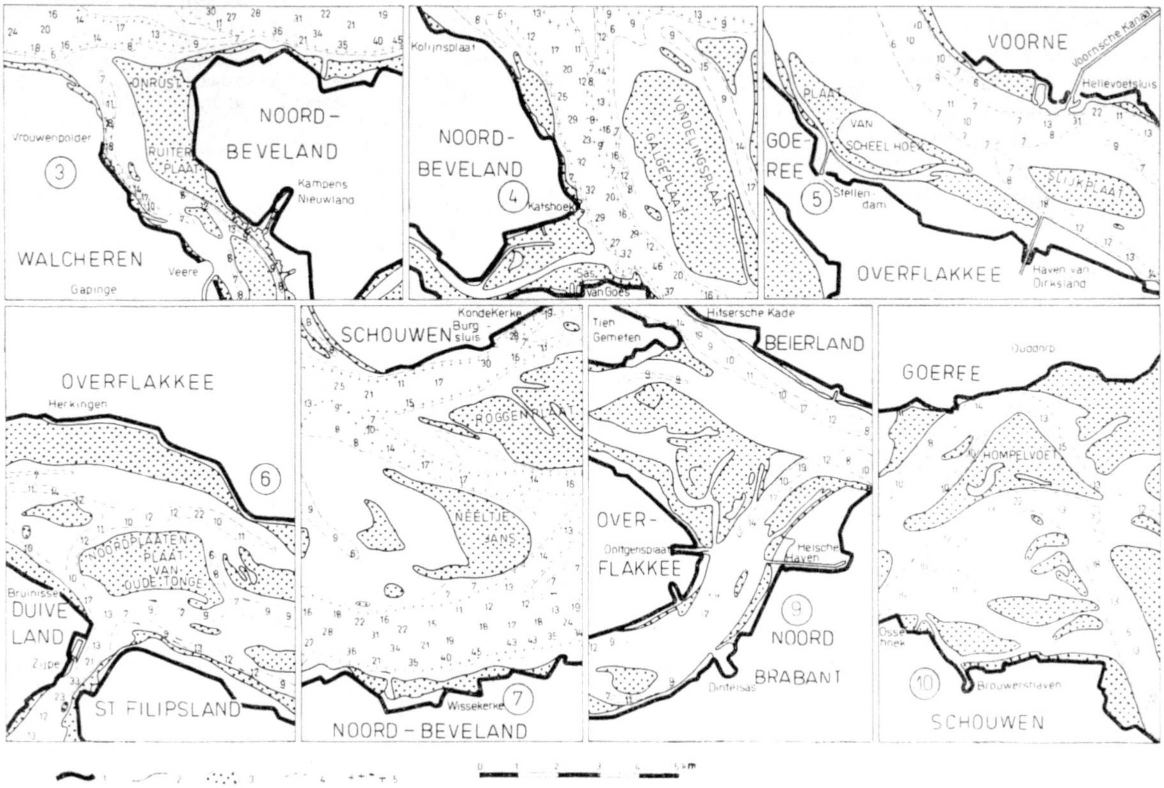

Abb. 4. Teilkarten zu den Abdämmungen nach dem Delta-Plan (nach amtlichen Seekarten)
1 – Deiche, 2 – Hochwasserlinie, 3 – bei mittlerem Springniedrigwasser trockenfallende Sande, 4 – 5-m-Tiefenlinie, 5 – 10-m-Tiefenlinie, 11, 14 usw. – Tiefen unter mittlerem Springniedrigwasser

havenschen Gats und der Ooster-Schelde ein zu umfangreiches Unternehmen wäre, beim Abschluß aber nur eines der beiden Seegaten in der Zijpe und an anderen Stellen beim Auffüllen und Leeren der dahinter verbleibenden Becken zu große Gezeitenstromgeschwindigkeiten entstehen würden.

Als nächstes wird der Abschluß der Ooster-Schelde (7) erfolgen. Die Sturmflutwelle kann dann nur noch bei Hoek van Holland tiefer eindringen.

In der Oude Maas (8) soll ein Stauwerk zur Reduktion des Süßwasserabflusses zum Waterweg angelegt werden, um bei kleinem Oberwasser das Vordringen der Salzgrenze in der Oude Maas direkt und im Waterweg indirekt zu bremsen, die sonst bis zur Hollandsch Ijssel hinaufziehen kann (vergl. die Abb. 1).

Der Volkerak-Damm (9) hat Bedeutung für den Wasserhaushalt des damit geschaffenen Seeländischen Meeres und für die Eisabfuhr im Hollandsch Diep und Haringvliet. Er muß mit einem genügend großen Durchlaßwerk versehen sein, das bei Sturmfluten eine Abführung und Verteilung der Wassermassen zum Seeländischen Meer gewährleistet, wie Abb. 3 zeigt.

Der Damm im Zeegat van Brouwershaven (10) erweitert das inzwischen bis zum Grevelingen reichende Zeeuwse Meer auf seine endgültige Form. Mit dem Bau dieses zweitgrößten Dammes, der nach den bei der Abschließung der Ooster-Schelde gewonnenen Erfahrungen technisch weniger Schwierigkeiten bereiten dürfte, sind die ausgedehnten Austern- und Muschelkulturen auf den Platen und Watten nördlich von Schouwen-Duiveland zum Absterben verurteilt.

Das Seeländische Meer wird mit fast 700 km² Oberfläche gegenüber dem Ijsselmeer mit endgültig 120 km² der größte Süßwasserspeicher der Niederlande, selbst wenn man noch 10000 bis 20000 ha vor den jetzigen Deichlinien einpoldert, wie dies geplant und wirtschaftlich sehr günstig ist. Es bliebe dann bei 1 m Wasserspiegelerhöhung immer noch ein Süßwasservorrat von 500 Mill. m³, der ausreicht, um fast zwei Monate hindurch 100 m³/sec für Bewässerungszwecke und zur Verdrängung infiltrierten Salzwassers zur Verfügung zu haben. Allerdings ist dazu ein Verteilungsnetz mit Pumpanlagen und Zwischenbecken erforderlich, das ziemlich kostspielig, aber trotzdem nur etwa halb so teuer wie Einpolderungen mit Schöpfwerken usw. wird. In trockenen Monaten, in denen die Verdunstung größer ist als die Süßwasserzufuhr durch Niederschläge und Flußwasser im Zeeuwsen Meer, kann man einer zu großen Absenkung des Wasserspiegels durch Einstrom durch den Volkerak abhelfen.

Ein wesentlich verändertes Bild bietet dann das Seeländische Meer im Winter, weil Tidenhub und Gezeitenströme und damit eine Durchmischung mit Seewasser, die sich sehr ungünstig auf die Eisbildung auswirkt, fehlen. Diese setzt gegenwärtig ein, wenn die Wasserschicht von der Oberfläche bis zum Boden einheitlich auf –1,5° abgekühlt ist, während später eine Oberflächentemperatur von 0° ausreicht. Es ist also mit längerer Vereisung zu rechnen, bei der auch Eisstau auftreten kann, so daß die Fahrrinnen durch Leitdämme geschützt werden müssen. Für diesen Nachteil tauscht

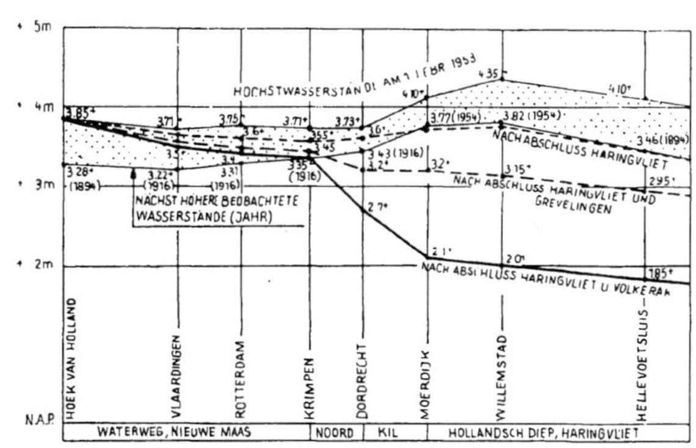

Abb. 5. Absenkung der Sturmflutwasserstände in verschiedenen Ausführungsstadien des Delta-Planes (nach Modellversuchen der Technischen Hochschule Delft)

die Schiffahrt jedoch eine weit größere Sicherheit auf einem tidefreien Binnenmeer ein.

Hervorzuheben sind vor allem die durch die Dämme geschaffenen Verkehrsverbindungen mit den Inseln, die deren frühere Abgeschiedenheit aufheben und somit neue Perspektiven für die fernere Entwicklung schaffen. Die schnellere Beförderung von Menschen und Gütern wird dazu beitragen, hier landwirtschaftliche Industrien entstehen zu lassen, die bisher schon durch den Süßwassermangel nicht Fuß fassen konnten. Vor allem aber wird sich diese tiefgreifende Umgestaltung der Niederlande ohne den jahrhundertelangen Alpdruck seiner Bewohner vor den vernichtenden Überflutungen vollziehen.

Zusammenfassung

Neben der Trockenlegung der Zuidersee sind gegenwärtig die Vorarbeiten zur Abdämmung der Mündungsarme von Rhein und Maas im Gange. Durch den sog. Delta-Plan soll das Gebiet der südwestlichen Niederlande gegen Sturmfluten geschützt und dem Vordringen der Salzgehaltsgrenze auf den Flüssen und im Boden Einhalt geboten werden. Zu diesem Zweck sind eine Reihe von Bauwerken vorgesehen, wie Dämme, Schiffs- und Entwässerungsschleusen. Mit ihrer Hilfe werden die seeländischen Gewässer in ein Binnenmeer verwandelt. Dieser Süßwasserspeicher wird der Landwirtschaft und ihren angeschlossenen Industrien eine neue Grundlage geben. Es werden die hydrologischen, geologischen und wirtschaftlichen Grundlagen des Plans erörtert und ein Überblick seiner einzelnen Etappen gegeben.

Резюме

Наряду с осушением Зёйдер-Зе в настоящее время проводятся предварительные работы по сооружению оградительных дамб для устьевых рукавов рек Рейн и Маас. Осуществление так наз. плана ,,Дельта,, должно создать защиту района югозападной Голландии от обводнения и прекратить продвижение границы соленосности в реках и почвах. С этой целью предусмотрен ряд сооружений, напр. дамбы, водоспускные шлюзы и шлюзы для кораблей. С помощью этих сооружений морские воды превращаются в внутреннее море. Эти ,,хранилища пресных вод" дадут новую основу сельскому хозяйству и связанным с ним отраслям промышленности. Обсуждаются гидрологические, геологические и экономические основы этого плана; дается обзор отдельных этапов его осуществления.

Summary

In addition to the reclamation of the Zuiderzee, preparatory works are made at present for damming Rhine and Meuse estuaries. The so-called Delta Scheme is intended to protect the territory of Southwest Netherlands against storm-surges, and to stop the salinity-boundary from advancing into the rivers and the soil. For this purpose many structures are provided including dikes as well as sluices for navigation and drainage. With their help seawaters are transformed into an inland-sea. This fresh-water reservoir will put agriculture and its connected industries on a new basis. Hydrological, geological and economic principles of the scheme are discussed and a survey is given of its several stages.

Literatur

BEEKOM, C. W. C. VAN, u. a.: Reclaiming land flooded with salt water. — Netherlands Journal of agricultural science, **1**, 3, 1953.

BRUGGEMAN, A. G.: Afsluiting der zeegaten. — Berichten von de Nederlandse vereeniging voor landaanwinning, Nr. 4, Meppel 1954.

BURGT, I. G. VAN DE: De Kustenverdediging langs het Ostelijk deel van de Noordzee. — Ingenieur Weekblad van de Vereeniging van Delftsche Ingenieurs, 1933.

HOLWERDA, I. H.: Die Katastrophe an unserer Meeresküste im 9. Jahrhundert. — Oudheidkundige Mededeelingen, 1929.

MAZURE, P. J.: Getijberekening voor benedenrivieren. — De Ingenieur, 's-Gravenhage 1935. De berekening van getijden en stormvloeden op benedenrivieren. — Diss., Delft 1957.

MESU, F. P.: Eenige waterstaatkundige facetten van de afsluiting der zeegaten. — Berichten van de Nederlandse vereeniging voor landaanwinning, Nr. 4, Meppel 1954.

QUARLES V. UFFORD, Z. A.: The disastrous storm surge of 1. february. — Weather, London 1953.

SAGER, G.: Ebbe und Flut. — VEB Hermann Haack, Geograph.-Kartograph. Anstalt, Gotha 1959.

SCHULZ, B.: Beiträge zur Kenntnis der Gezeiten an der flandrischen Küste. und auf der unteren Schelde. — Archiv Deutsche Seewarte, Hamburg 1925.

SEIFERT, R.: Modellversuche für Tideflüsse. — Jahrbuch der Hafenbautechn. Gesellschaft und ZVDI, Berlin 1937.

STEGGEWENTZ, J. H.: De invloed van de getijbeweging van zeeën en getijrivieren op de stijghoogte van grondwater. — Delft 1935.

TESCH, F.: De vorming van de Nederlandsche Duinkust. — Groningen 1935.

TOMCZAK, G.: Was lehrt uns die Holland-Sturmflut 1953? — Die Küste, Heide 1954.

VEEN, J. VAN: Die Versalzung der niederländischen Marschen und ihre Bekämpfung. — Die Küste, Heide 1956.

VERHOEVEN, B.: Het wisselen op korte afstand van het chlorgehalte in geinundeerde gronden. — Landbouwkundig Tijdschrift, **62**, 4/5, 1950.

— Over de zout — en vochthuishouding van geinundeerde gronden. — Verslagen van Landbouwkundige Onderzoekingen, **59**, 5, 1953.

— Ontzilting van gronden die met zout water overstroomd zijn geweest. — Naturkund. Voordrachten N. R., **32**, 1954.

VRIES, J. J. DE: Beschouwingen over wijziging in den hydrographischen toestand van de Waddenzee. — De Ingenieur, 's-Gravenhage 1928.

— Getijbeweging in de Waddenzee. — Marineblad, Den Helder 1933.

Ohne Verfasserangabe: Allmähliche Senkung des Bodens der Niederlande. — Annalen der Hydrographie und maritimen Meteorologie, Berlin 1909.

— Tienjaring overzicht der waargenomen waterhoogten 1921—30. — Algemeene Dienst van den Rijkswaterstaat, 's-Gravenhage 1933.

— Het verkeer in Nederland in de XXe eeuw. — Tijdschrift Koninkl. Nederl. Aardrijksk Genoot, Serie 2, **50**, 1933.

— Die Verteidigung der holländischen Küste gegen das Meer. — Der Bauingenieur, Heft 31/32, Berlin 1934.

— De overstromingsramp 31. Jan./1. Febr. 1953. Koninklijk Institut van Ingenieurs, 's-Gravenhage 1953.

— De afdamming van de zeearmen, vijfde interimadvies, Deltacomissie, 's-Gravenhage 1955.

— Der Deltaplan. — Herausg. v. d. Informationsabteilung d. Ministeriums f. Verkehr u. Waterstaat, 's-Gravenhage 1958.

Neue Arbeiten über geochemische Verfahren für die Erdöl- und Erdgaserkundung

Diskussion der Ergebnisse der 2. wissenschaftlichen Konferenz über Fragen der Geochemie in der Erdölerkundung, -bohrung und -förderung in Krakau, 30. 11. bis 5. 12. 1959 (Teil 2)

RUDOLF MEINHOLD, Freiberg (Sa.)

Hydrogeochemische Untersuchungen

Die Empfehlungen der ersten wissenschaftlichen Konferenz in Brünn bewirkten, daß in den vergangenen 2 Jahren intensiv hydrogeochemische Untersuchungen durchgeführt wurden. Hauptsächlich konnten Ergebnisse von Geländeaufnahmen, aber auch Forschungen über Tiefenwässer vorgelegt werden.

Von den polnischen Wissenschaftlern wurden Untersuchungen der Oberflächenwässer in Pommern (Gumułka) und der Magura-Einheit der Karpaten (TOKARSKI und SZEFER) vorgelegt, die von STRZETELSKI bzw. TOKARSKI geologisch interpretiert wurden. Das pommersche Gebiet, das von der Ostseeküste bis etwa zur Weichsel untersucht wurde, enthält Wässer mit einer allgemeinen Mineralisation von 200—2000 mg/l trockenen Rückstandes. Eine Charakterisierung erfolgte mit Hilfe des Verhältnisses HCO_3/Cl und Mg/Ca sowie des Gehaltes an Halogenen, an Ca, Mg, Hydrokarbonaten und an Erdalkalien. Die Werte für HCO_3/Cl liegen zwischen 0,8 bis 0,5 und differieren wenig, die für Mg/Ca variieren jedoch von 0,8 bis 22. Jod fand sich in Mengen von 1 bis $24 \cdot 10^{-3}$ mg/l. In der Umgebung der Salzsolen von Kolberg aber betrug der Jodgehalt 1—2 mg/l. Der Bohrgehalt geht etwa dem Jodgehalt parallel.

Die Mineralisation zeigt Anomalien, die sich mit den Großstrukturen vergleichen lassen; den Hochgebieten entsprechen niedrige, den Senkungsgebieten hohe Werte.

Die Halogen- und Kalziumanomalien stimmen in ihrer räumlichen Verteilung mit geophysikalischen (gravimetrischen und magnetischen) Anomalien überein. Das gleiche gilt auch für die Anomalien der Summe Ca + Mg. Die Halogen- und Mg-Anomalien sind vermutlich durch Einflüsse aus höherliegendem Zechstein, die Erdalkalianomalien durch solche aus mesozoischen Kalken bedingt. Es deutet sich somit ein Einfluß der Tektonik an. Eine nähere Interpretation erfordert aber eine bessere Kenntnis der Ursachen der geophysikalischen und auch der geochemischen Anomalien. Die lokale Tektonik bildet sich nicht ab, es sei denn, daß tiefgreifende Brüche zutage ausgehen.

Die in den Karpaten durchgeführten Aufnahmen sollten Lagerstättenhinweise aus dem überschobenen Teil unter der Maguradecke erbringen. Die Maguradecke bildet hier eine große Synklinale, an deren Rande im Magurasandstein die Lagerstätten liegen. Die Aufgabe der Geologen besteht nun darin, Lagerstätten vom Typ Borysław zu finden. Dabei versagen jedoch geophysikalische Methoden. Treten aber an der Überschiebungsfläche Wässer aus der tieferen Einheit aus, dann müßten sie Hinweise auf Lagerstätten geben. Untersuchungen im Gebiet der ausstreichenden Überschiebung gaben derartige Hinweise. Da die Migrationswege unbekannt sind, ist es jedoch schwierig, den Herkunftsort festzustellen.

In der ČSSR wurde von MICHALIČEK eine hydrogeochemische Oberflächenuntersuchung des ostslowakischen Flysches durchgeführt. Besonders bemerkenswert ist dabei die Untersuchung der im Wasser gelösten Gase mittels Gaschromatographie, wobei O_2, N_2 und CH_4 nebeneinander bestimmt werden konnten. Außerdem wurde der sog. „Reduktionskoeffizient" ermittelt, der durch das Volumenverhältnis Stickstoff zu Sauerstoff ausgedrückt wird. Aus diesem Verhältnis läßt sich indirekt der Redoxcharakter des Wassers bestimmen. Außerdem wurde der Sättigungskoeffizient des Methans angegeben, der sich aus dem Verhältnis des Methaninhaltes zur Methanlöslichkeit mal 100 ergibt. Die angetroffenen Wassertypen waren:

1. Wässer vom Natriumbikarbonat-Typus (Sauerwässer, Schwefelwasserstoff-Methanwässer) und 2. Wässer vom Kalziumbikarbonat-Typus (Sauerwässer, Schwefelwasserstoff-Methanwässer, Ca-Mg-Sulfatwässer). Die mineralisierten, salzigen Wässer vom Typus 1 können ein Hinweis auf Erdöl-Lagerstättenwässer sein. Neben CO_2 und H_2S enthalten die Wässer im allgemeinen Methan in Lösung, diese Vergasung ist somit sekundär. Anomale Gehalte können auf einen Kontakt mit Lagerstätten hinweisen. Hohe CH_4-Konzentrationen werden immer von hohen H_2S-Gehalten begleitet, wodurch der Reduktionscharakter dieser Wässer betont wird. Bei einer Interpretation ist aber wieder die Kenntnis der Migrationswege und damit eine genauere Kenntnis des geologischen Baues notwendig. Es ist unmöglich, an Hand der Wasseranomalien allein auf den Ort von Lagerstätten schließen zu wollen; sie liefern jedoch zusätzliche Hinweise zu anderen Verfahren.

Zur Deutung der Bruchtektonik sind aber Sauerwässer und Schwefelwasserstoffquellen geeignet. Wie auch aus anderen Ländern bekannt ist, bilden sie tiefe Störungszonen gut ab.

Bei der Untersuchung der Tiefenwässer (CHAJEC 1959) im Petroleuminstitut Krosno wurde festgestellt, daß einige Wässer hohe Gehalte an Jod aufweisen, die jetzt nach einem von Mitarbeitern des Institutes ausgearbeiteten Verfahren industriell zur Gewinnung von Jod genutzt werden. Besonders wichtig sind die Wässer aus dem Miozän der Gebiete Bochnia und Skoczów, die 100—140 mg Jod pro Liter enthalten. Die sicheren Vorräte haben einen Wert von mehreren Millionen Mark. Bemerkenswert ist ferner die sehr unterschiedliche Mineralisation in den einzelnen Formationen, sie liegt im Miozän bei 100 g/l, im Oligozän bei nur 10 g/l, die Werte für Eozän und Kreide liegen dazwischen.

Die Teilnehmer der Konferenz waren der Meinung, daß für regionale Untersuchungen zur Gewinnung einer ersten Übersicht die hydrogeochemische Methode weiterhin zu empfehlen ist.

Arbeiten zur Feststellung des Sedimentationsmilieus

Für die Prospektion auf Kohlenwasserstoffe ist die Feststellung des Sedimentationsmilieus von großer Bedeutung, da es einen Hinweis auf die Möglichkeit der Erdölentstehung in den verschiedenen Schichtgliedern gibt.

In verschiedenen Ländern wurde die Untersuchung des Sedimentationsmilieus aufgenommen. Es ist hier aber nicht möglich, alle neuen Arbeiten zu erwähnen. Der Konferenz lagen z. B. Berichte aus Polen (GŁOGOCZOWSKI 1959), der ČSSR (MICHALIČEK) und der UdSSR (JEREMIENKO) vor. In Polen wurde der Gehalt an Halogenen als Index der Versalzung der Gewässer des Sedimentationsbeckens benutzt. Der Gehalt an Bitumen und Huminsäure sowie an freiem Schwefel diente neben der Größe des Redoxpotentials (Verhältnis Fe^{++} zu Fe^{+++}) zur Kennzeichnung der physikochemischen Verhältnisse. Freier Schwefel ist dabei ein Indikator für oxydierendes Medium. Die einzelnen Indikatoren wurden wie folgt bestimmt: Bitumen durch Lumineszenzanalyse des Extraktes, Huminsäuren kolorimetrisch in alkalischen Extrakten, freier Schwefel und Gesamtgehalt an Eisen polarographisch, Sulfate turbidimetrisch in wäßrigen Auszügen, Halogene und Karbonate durch Titration, Ca und Mg durch Komplexionsmethode, p_H-Wert und Redoxpotential elektrometrisch. Als Beispiel wurden die bei der Untersuchung einer Bohrung erhaltenen Werte vorgelegt.

In der ČSSR (MICHALIČEK 1959) wurde damit begonnen, das Problem des Sedimentationsmilieus mit paläogeographischer Blickrichtung zu bearbeiten. Neben dem bisher üblichen Studium der Minerale und der Klärung ihrer Existenzbedingungen bildete sich als neue Richtung das Studium der hydrochemischen Bedingungen der Sedimentation heraus. Diese neue Untersuchungsrichtung beruht auf der Erkenntnis, daß der Wassertypus und die Mineralisierung durch das Löslichkeitsprodukt und das Ionengleichgewicht zwischen Wasser und Gestein geregelt wird, wobei aber der Ionenaustausch ein umkehrbarer Prozeß ist. Daraus lassen sich Kriterien für die verschiedenen Milieus ableiten. Wichtig ist dabei die Bestimmung der adsorbierten Ionen von Alkalien, Chloriden, Karbonaten. In marinen Sedimenten liegen z. B. die Werte für adsorbiertes Na bei 15 bis 50 mval

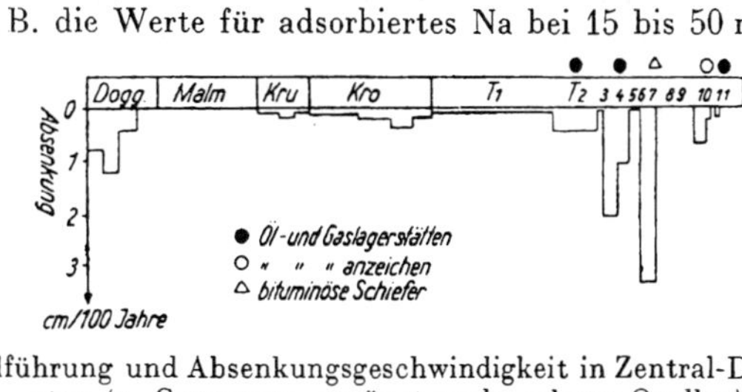

Ölführung und Absenkungsgeschwindigkeit in Zentral-Dagestan (n. CHABREWA, ergänzt nach anderen Quellen)

Tertiärgliederung: T_1 = Foraminiferen-Schichten, T_2 = Maikop, T_3 = Tarchan, T_4 = Tschokrak, T_5 = Karegan, T_6 = Konska, T_7 = Sarmat, T_8 = Mäot, T_9 = Pont, T_{10} = Akschgyl, T_{11} = Apscheron

pro 100 g Tonkomponente, in brackischen bei 5 bis 10, in Süßwassersedimenten bei 1 bis 3. Mit dieser Methode wurden in der Kleinen Donautiefebene die hydrochemischen Sedimentationsbedingungen untersucht.

Eine gleichzeitige Untersuchung der in den Sedimenten vorkommenden Tiefenwässer bestätigte im allgemeinen ebenso wie die mikropaläontologischen Forschungen die Ergebnisse.

Eine ähnliche Untersuchungsmethode wurde von STADNIKOFF (1958) angegeben. Er benutzt zur Charakterisierung den Salinitätskoeffizienten

$$\frac{Ba - Ca}{Ca} : \frac{Na}{Ca}$$

wobei für Ca und Na die sorbierten Milliäquivalente pro 100 g Ton zu setzen sind und für Ba die Austauschkapazität in mval.

Neuere Untersuchungen der Minerale der Sedimente durch sowjetische Kollegen ergaben, daß die Sideritfazies nicht mehr als Indikator für günstige Erdölentstehungs-Bedingungen verwendet werden kann. Interessant war die Feststellung im Bericht von JEREMIENKO, daß ein einsinniger Zusammenhang zwischen Sedimentationsgeschwindigkeit und Bitumenführung besteht. Diese Regel, die in mehreren Sedimentationsbecken bestätigt wurde, weist auf eine neue Größe hin, die in kommenden Arbeiten mitbestimmt werden muß (s. Abb.).

Eine weitere Möglichkeit zur Erkundung der Sedimentationsverhältnisse bieten die Isotopenverhältnisse des Kohlenstoffs ($C^{13}:C^{12}$) im CO_2 der Gesteine (CLAYTON und DEGENS 1959), die abhängig sind vom Verhältnis $O^{18}:O^{16}$ des Wassers, in dem sich die Sedimente ablagerten. Bei Süßwasser sind die Werte merklich kleiner als bei Meerwasser.

In der DDR haben einige an der Bergakademie Freiberg ausgegebene Diplomarbeiten (GUNTAU, LENTSCHIG u. a.) dazu beigetragen, das Sedimentationsmilieu an Hand der Verbreitung der Spurenelemente zu klären. Auch hieraus sind Aussagen über den Redoxzustand der Sedimente zu gewinnen. Eine italienische Arbeit (COLOMBO u. a. 1959) berichtet von einem elektrischen Bohrlochmeßgerät zur Feststellung des Redoxzustandes der Gesteine im Bohrloch. Die Spülung wird mit einem geeigneten organischen Oxydationsmittel (z. B. N-dichloro-p-sulfamido-Benzoesäure) versetzt und dann das entstehende Potential elektrisch gemessen. Zum Vergleich und zur Interpretation ist vorher eine Eigenpotentialmessung durchzuführen.

Untersuchungen der Ölzusammensetzung hinsichtlich Genese und Migration

Die Frage nach Herkunft und Wanderwegen der Erdöle schien durch die amerikanischen Untersuchungen der Schwefelisotopenverteilung lösbar zu sein. Sowjetische Forscher berichteten aber auf der Konferenz, daß diese Verteilung nichts aussagt, da die Isotopenverhältnisse stark von der Lithologie beeinflußt werden, also während der Wanderung nicht konstant bleiben.

In der letzten Zeit erschienen nun zahlreiche Veröffentlichungen, die aus der Zusammensetzung der Öle, aus Ähnlichkeiten und Unterschieden in den einzelnen Horizonten auf gemeinsamen oder verschiedenen Ursprung schließen wollen. Besondere Bedeutung haben darunter die Arbeiten des französischen Erdölinstitutes (siehe BIENNER u. a. 1955, VAN EGGELPOEL 1959, BETTUZZI u. a. 1959). Der Grundgedanke dieser Arbeiten ist die Annahme, daß die Metamorphose der Erdöle von der Länge des Wanderweges abhängig ist. Infolge der Reibung im Speicher wird eine Selektion herbeigeführt. Die leichtesten Moleküle bewegen sich auch am leichtesten, so daß die Front der sekundären Migration mit Paraffinen angereichert werden kann. Außerdem sind aber Temperatur, Druck und Katalysatoren in Abhängigkeit von der Zeit an der Umbildung beteiligt, so daß diese einen nicht leicht zu überschauenden Prozeß darstellt. Die Umwandlungsgeschwindigkeit ist eine Funktion der Konzentration, der Molekularstruktur der Kohlenwasserstoffe in jedem Teil der Lagerstätte und der Strömungsgeschwindigkeit. Eine niedrige Permeabilität führt zu einem Maximum an umgewandelten Ölen. Auf Grund verschiedener Migrationswege mit unterschiedlicher Permeabilität können aus demselben Ausgangsmaterial chemisch verschiedene Öle entstehen. Setzt man einen gleichartigen Speicher voraus, so kann man aus gleichen Umwandlungsphasen auf gleiche Länge der Wanderwege schließen und danach die Migrationsfronten konstruieren. Damit ist auch die Richtung bekannt, aus der die betreffende Falle gefüllt wurde.

In der ČSSR (DLABAČ & ŠTAUD 1959) und in Ungarn (GRAF) wurden die Öle nach der HEMPELschen und n-d-M-Methode analysiert und in Gruppen zusammengestellt, von denen man gleichen Ursprung annahm. Dabei stellte sich heraus, daß die einzelnen Typen für bestimmte geologische Horizonte charakteristisch sind. Die vorkommenden Mischtypen entstanden durch Verbindung der einzelnen Horizonte untereinander. Gleiche Grundtypen in verschiedenen Horizonten werden als Hinweis dafür betrachtet, daß sie mit Ölen gleicher Herkunft gefüllt wurden. DLABAČ & ŠTAUD zeigten an einigen Beispielen, daß sich Mischtypen von Diskordanzen oder Brüchen her ausbreiten, womit die große Bedeutung dieser Vorgänge bewiesen ist. Noch zu klären ist die Frage, in welcher Form die in der französischen Theorie behaupteten Vorgänge den grundlegenden Charakter der Öle bei der Wanderung ändern können, der bei diesen Untersuchungen als konstant gilt. Daß Verschiebungen im Paraffingehalt, auch innerhalb eines Feldes und während der Förderung, die Regel sind, zeigen auch die Untersuchungen von GRAF.

Für Korrelationszwecke und vielleicht auch zur Klärung des genetischen Zusammenhanges von Erdölen kann die Spurenelementanalyse der Erdölaschen dienen. ZŁOTNICKA (Polen) benutzte dazu als Leitelemente Zink und Zinn, während GREGOROWICZ (1959) das Verhältnis V/Ni verwendete.

Folgerungen

Die Ergebnisse der Konferenz auf dem Gebiete der Erdölerkundung lassen für die weitere Arbeit in der DDR folgende Schlüsse zu:

Die Bitumenanalyse sollte bei der Erdölerkundung vorerst nicht durchgeführt werden. Dagegen müßten die Bitumenuntersuchungen an Bohrkernen, etwa nach der Forschungsrichtung des polnischen Institutes und der von MARESCH, erweitert werden.

Obwohl mit Hilfe der Bodengasanalyse in manchen Fällen keine genauere Lokalisierung von Ölfeldern möglich ist, behält diese aber trotzdem ihren Wert zur Ausscheidung höffiger Gebiete in Thüringen und im Subherzynen Becken. Die Untersuchung der Migrationswege ist fortzusetzen.

Die noch offenstehenden Fragen bei den radiometrischen Verfahren wurden im Teil 1, Heft 7, behandelt. Bevor Feldtrupps für den Einsatz dieser Verfahren aufgestellt werden, sollten die bereits geschilderten grundsätzlichen Untersuchungen durchgeführt sein.

Entsprechend den polnischen Erfahrungen in Pommern, werden hydrogeochemische Oberflächenaufnahmen in Norddeutschland nur schwer deutbar sein und keinesfalls mehr aussagen als die geophysikalische Untersuchung. Um den Einfluß des Untergrundes auf den Charakter der Oberflächenwässer festzustellen, ist die Durchführung einiger Testversuche in der Umgebung hochaufragender Antiklinalen und Salzstöcke zu empfehlen. Dabei sollten auf jeden Fall die Gasbestandteile mit analysiert werden. Die Untersuchung der Untergrundwässer sollte wie bisher weitergeführt werden, wobei zusätzlich die Analyse der gelösten Gase aufzunehmen ist. Auch die mikrobiologischen Untersuchungen sind im bisherigen Umfang weiterzuführen. Zur Untersuchung des Sedimentationsmilieus sollten das Verfahren von MICHALIČEK angewandt werden sowie die direkte Messung des Redoxzustandes der Gesteine. Dabei ist die Untersuchung auf Spurenmetalle mit den anderen Methoden zu koppeln.

Über die weiteren Themen der Konferenz, u. a. Spülung, Zementation und Förderprobleme, wird in einem der nächsten Hefte ein gesonderter Bericht gegeben.

Zusammenfassung

Es werden die Ergebnisse der 2. geochemischen Konferenz der Erdölinstitute Polens, Ungarns und der ČSSR auf dem Gebiet der Erdölprospektion des letzten Jahres diskutiert. Besonders kritisch wird die bituminologische Erkundung betrachtet. Günstig ist eine Analyse des Bodengases, wenn auch die noch unbekannten Migrationswege eine genaue Zuordnung von Anomalie und Lagerstätte verhindern. Als ungenügend erwies sich bisher die radiometrische Methode. Der hohe Störpegel der oberflächennahen Schichten macht hier eine Analyse schwierig. Erfolgreich angewandt werden die mikrobiologischen Methoden bei der Erforschung der Bewegung von Flutwässern und die hydrogeochemischen Methoden bei der Bestimmung des Sedimentationsmilieus. Untersuchungen der Gasdiffusion lassen erkennen, daß sie einen, wenn auch kleinen Beitrag zur Migration von Kohlenwasserstoffen liefern kann. Mit Hilfe der Erforschung des Chemismus der Erdöle in Abhängigkeit vom Wanderweg kann man auf die Richtung der Ölwanderung in einem Sedimentationsbecken schließen.

Резюме

На дискуссии разбирались результаты 2-ой Геохимической конференции институтов нефти и газа Польши, Венгрии и Чехословацкой Республики по области поисков нефти в последнем году. Особенно критически была рассмотрена битуминологическая разведка. Благоприятным является анализ почвенного газа, хотя из-за незнакомых путей миграции нельзя установить точную приуроченность аномалии к месторождению. Радиометрические методы работы до сих пор еще недостаточно изучены. Мешающее влияние вод приповерхностных слоев затрудняет при этом анализ. Микробиологические методы при исследовании движений поточных вод и гидрогеохимические методы при определении среды осадконакопления удачно применяются. Исследования газовых диффузий позволяют получить данные о миграции углеводородов. Путем исследования химизма месторождений в зависимости от пути миграции можно делать заключения в одном осадочном бассейне о направлении миграции нефти.

Summary

Results of the 2nd Geochemical Conference of Petroleum Institutes of Poland, Hungary and Čzechoslovakia are discussed in the light of progress made last year in geochemical oil exploration, with particulary critical reference to bituminological methods of exploration. Favourable results were shown by soil gas analyses, although ways of hydrocarbon migration so far unknown prevent anomalies and deposits from being exactly correlated. Because of the high noise level of near surface layers which complicates analyses, radiometric reconnaissance, too, was found in adequate and needs further investigation. Favourable results were obtained in the application of microbiological methods to waterflooding control, as well as in hydrogeochemical research to the determination of sedimentary environments. A study on gas diffusion shows, that this process may contribute to the migration of hydrocarbons, even if the amount may be very small. Investigation of the chemism of oil and gas as a function of migration reveals the likelihood for the direction of oil migration in a basin of sedimentation.

Literatur

ANTONOW, P. L., G. A. GLADYSCHEWA & W. P. KOSLOW: Die Diffusion von Kohlenwasserstoffgasen durch Steinsalz. – Z. angew. Geol., **4**, S. 387 (1958).

BETTUZZI, C., J. VIDAL & A. VAN EGGELPOEL: Détermination de la comigration d'un pétrole et essai d'application aux gisements de Pointe-Clairette et de Port Gentil. Correlation avec la géologie du champ. – 5. Welterdölkongreß, Section 1, Paper 8, New York 1959.

BIENNER, F., E. BONNARD u. a.: Contribution de la géochimie à l'étude de l'évolution des huiles brutes dans les bassin sedimentaires. – 4. Welterdölkongreß, Section 1, Rom 1955.

BOD, M., & G. BARDOSSY: Uj módszer az üledékes Közetek redox viszonyainak meghatározására (Eine neue Methode zur Bestimmung des Redoxpotentials von sedimentären Gesteinen.) – Geofizikai Közlem. Budapest, **8**, S. 53–72 (1959).

CHAJEC, W.: Chemiczna charakterystyka wód wgłębnych polskich Karpat i Przed górza (Chemische Charakteristik der Untergrundwässer der polnischen Karpaten und deren Vorgebirge). – Nafta, **XV**, S. 308–311 (1959).

COLOMBO, U., G. SALIMBENI, G. SIRONI & VENEZIANI: Differential electric log. – Geophysical Prospecting, VII, S. 91–118 (1959).

CREWS, W. D.: Radioactivity surveys. – Oil- and Gasjournal, 57, Nr. 32, S. 131 (1959).

DLABAČ, M., & M. ŠTAUD: Složeni a vznik nafty v Československé části vnitroalpské Videňské Pánve. (Die Entstehung und Zusammensetzung der Erdöle im Tschechoslowakischen Teil des inneralpinen Wiener Beckens). – Geol. Práce, Nr. 16, S. 11–34 (1959).

VAN EGGELPOEL, A.: Évolution des huiles au cours de la migration. – Revue de l'Instit. Franç. de Pétrole, H. 2, 3, 4 (1959).

EMERY, K. O., & D. HOGGAN: Gases in marine sédiments. – Bull. AAPG, **42**, Nr. 9, S. 2174–2188 (1958).

GLOGOCZOWSKI, J.: Możliwości określenia warunków fizyko-chemicznych środowiska sedymentacji na podstawie badań geochemicznych (Über die Möglichkeiten der Bestimmung der physikalisch-chemischen Verhältnisse des Sedimentationsmediums durch geochemische Untersuchungen). – Nafta, **XV**, S. 297–302 (1959).

GRANIER, A.: Les problèmes d'injection d'eau dans un gisement de la S. C. P. – Revue de l'Inst. Franç. de Pétr., **XIV**, S. 964–972 (1959).

GREGOROWICZ, Z.: Die geochemische Kennzahl V/Ni der Erdöle des Karpatenvorlandes. – Acta Geologica Acad. Scient. Hungaricae, **VI**, S. 107–118 (1959).

JANAČEK, J.: Poznamky k hydrogeologii hlubinných vod našich mlaých pánví (Anmerkungen zur Hydrogeologie der Tiefenwässer unserer jungen Becken). – Geol. Práce, Nr. 15, S. 91–106 (1959).

JANÁK, J.: Uloha iontove rovnováhy při tvorbě a metamorfose přírodních vod v sedimentárních oblastech (Die Rolle des Ionengleichgewichtes bei Bildung und Metamorphose von Naturwässern in den Sedimentationsgebieten). – Geol. Práce, Nr. 15, S. 107–135 (1959).

JURÁNEK, J.: Význam oxydačně-redukčních vlastností hornin pro naftovou prospekci (Bedeutung der Redox-Eigenschaften der Gesteine für die Erdölprospektion). – Geol. Práce, Nr. 16, S. 35–60 (1959).

KARASKIEWICZ, J.: Práce mikrobiologiczne Instytuto Naftowego (Die mikrobiologischen Arbeiten des Erdölinstituts). – Nafta, **XV**, S. 312–315 (1959).

LUCHTER, A.: Badania nad przydatnościa metod mikrobiologicznych dla posukiwań ropy naftowej w rejonie Inowroclawia (Untersuchungen über die Anwendbarkeit der mikrobiologischen Methode für die Erdölerkundung im Gebiet Inowroclaw -Hohensalza-). – Acta Mikrobiol. Polon., Nr. 1 (1958).

MEINHOLD, R.: Entwicklungsstand und Probleme der geochemischen Prospektionsmethoden auf Kohlenwasserstoffe. – Z. angew. Geol., 5, S. 433–440 (1959).

MEINSCHEIN, W. G.: Origin of Petroleum. – Bull. AAPG, **43**, Nr. 5, S. 925–943 (1959).

MICHALÍČEK, M.: Sorbované kationty jílových sedimentů, indikátor hydrochemického režimu sedimentace. (Sorbierte Kationen in den Sedimenten als hydrochemische Anzeiger für die Sedimentationsbedingungen). – Acta Univ. Carolinae. Ser. geol., Nr. 1–2, S. 61–72 (1959).

MICHALÍČEK, M., & J. PRIKRYL: Jílovité sedimenty naftonadějných oblastí v ČSR a jejich význam pro naftové podnikámí (Untersuchung der Sedimente in den erdölhöffigen Gebieten der ČSR zur Lagerstättenerkundung). – Acta Univ. Carolinae, Ser. geol., Nr. 1–2, S. 211–226 (1959).

PRÖHL, S.: Zur Theorie und Praxis der Gasvermessung. – Geophysik u. Geologie, Folge 1, S. 104–113 (1959).

LE RICHE, H. H.: The distribution of certain trace elements in the Lower Lias of southern England. – Geochimica et Cosmochimica acta, 16, S. 101–122 (1959).

ROTHE, K.: Problematik radiometrischer Messungen über Ölstrukturen. – Ber. Geol. Ges. DDR, **4**, S. 183–187 (1959).

SOKOLOW, V. A., S. A. ALEXEJEW, E. A. BARS, A. A. GEODEKJAN, G. A. MOGILEWSKI, U. M. JUROWSKI & B. P. JASENEW: Investigations into direct oil detection methods. – 5. Welterdölkongreß, Sect. 1, Paper 36, New York 1959.

STADNIKOFF, G.: Ein chemisches Verfahren zur Feststellung der Ablagerungsbedingungen von Tonen und tonigen Gesteinen. – Glückauf, **94**, S. 58–62 (1958).

STRAWINSKI, R. J., & W. B. COX: Microbes locate gas production in field test. – World Oil, S. 93 (July 1959).

Lesesteine

Notstand der westdeutschen Wissenschaft

In westlichen Presseorganen erschien ein bemerkenswerter Aufsatz von Dr. F. RONNEBERGER, der eine starke Kritik an der Unterbewertung der Wissenschaft in der Bundesrepublik aufweist.

„Auf zahlreichen Gebieten sind wir heute erst dort, wo wir schon einmal vor mehr als zwei Jahrzehnten waren."

Die westdeutsche Wirtschaft ist „ein blühender Körper, in dem sich die Krankheit bereits eingenistet hat".

Nach Feststellungen des Statistischen Bundesamtes betrugen 1958 die Dividendenausschüttungen der etwa 2400 Aktiengesellschaften in der Bundesrepublik etwa 2,2 Milliarden DM. Dazu kommen noch etwa 80 Mill. DM Profite anderer Kapitalgesellschaften. Über die Gewinne von personengebundenen Gesellschaften und Betrieben liegen überhaupt keine Angaben vor, doch schätzt sie RONNEBERGER gleichfalls auf 1 Milliarde DM. Wenn die Kapitalisten nur 10% ihrer Reingewinne dem Staat zur Verfügung stellen würden, dann müßte die Wirtschaft dem Staat als „Wissenschaftsspende" mindestens 400 Mill. DM zukommen lassen. In Wirklichkeit aber werden nur 50 Mill. von jenen Kreisen zweckgebunden „gespendet". Dazu stehen noch 12 Mill. an „freiem Spendenaufkommen" zur Verfügung. Aber 120 Mill. wären nach Ansicht von Ronneberger das mindeste, was die profiteinstreichenden Wirtschaftskreise der westdeutschen Wissenschaft zur Verfügung stellen müßten.

Mit Wohltätigkeit, mit Almosen, mit Spenden u. dgl. wird man eine moderne Wissenschaft nirgends, auch nicht im Lande des Wirtschaftswunders, entwickeln können. Es nützt auch nichts, um Brosamen zu betteln, die von den Tischen der Bankiers fallen. Notwendig ist, daß die Wissenschaftler klar erkennen, daß ihnen nur eine wissenschaftlich durchorganisierte Wirtschaft das geben kann, was sie für ihre Forschungsarbeiten unbedingt benötigen. Das kann beim gegenwärtigen Entwicklungsstand nur in einer sozialistischen Wirtschaftsordnung, die Profite ausschließt, geschehen.

Daher muten uns in der DDR Spendensorgen, mit denen sich Wissenschaftler in der Bundesrepublik herumschlagen müssen, schon fast wie mittelalterliche Magie an. E.

Die bebende Erdkruste

Das Erdbeben von Agadir, das am 1. März stattfand, hat viele Pressekommentare ausgelöst, die folgendes Bild über den gegenwärtigen Stand der Erdbebenforschung ergaben:

Die erste Aufzeichnung eines Fernbebens gelang am 17. 4. 1889 in Potsdam. Nach den modernen Erdbebenkarten kann man die inaktiven Zonen, in denen Beben kaum zu erwarten sind, neben den Erdbebengürteln aussondern. Die erdbebenreichen Zonen folgen den großen Faltengebirgen. Es wurden folgende drei Hauptzonen festgestellt:

a) Der zirkumpazifische Gürtel (40% der Flachbeben und fast alle Tiefbeben) verläuft von den Kordilleren in Südamerika über die Rocky Mountains in Nordamerika, über die Aleuten, Kamtschatka, die Japanischen Inseln, die Philippinen, die Neuen Hebriden zurück nach Südamerika.

b) Der Mittelmeer-transasiatische Gürtel verläuft von den Azoren durch das Mittelmeer, entlang den zentralasiatischen Hochgebirgsketten, bis er bei der Insel Sumatra auf die Ausläufer des zirkumpazifischen Gürtels stößt.

c) Die mittelatlantische Schwelle.

Die Zahl der jährlichen Erdstöße liegt bei etwa 1 Million. Die Mehrzahl davon sind Mikrobeben, nur etwa 150000 von ihnen übersteigen die Stärke 2,5 der Intensitäts- bzw. Stärkeskala. Nach ihr rechnet man jährlich mit 49000 Beben der Stärkegrade 3,0—3,9; 6200 von 4,0—4,9, 800 von 5,0—5,9, 150 von 6,0—6,9, 18 von 7,0—7,9 und endlich 2 Beben in der Stärke von 8,0—8,9. Beben der Stärke 9,0—12,0 ereignen sich nur alle Jahrzehnte bzw. alle Jahrhunderte. 90% aller Beben gehen auf tektonische Ursachen zurück, nur 10% sind vulkanische oder Einsturzbeben. Neben der Intensität wird die Magnitude oder die Größe des Bebens berechnet. Nach Prof. Dr. HILLER, Stuttgart, wies das Beben von Agadir eine Energie von M6 und den Intensitätsgrad 11 auf. In dem kalifornischen Beben vom 18. 4. 1906 wurden Energiemengen von 20 Billionen kWh frei, was der von allen Kraftwerken gelieferten Energie der letzten 20 Jahre entspricht. Die Zerstörungen in Agadir waren deshalb so groß, weil die Stadt im Epizentrum, also fast genau über dem in ca. 30 km Tiefe lagernden Hypozentrum lag.

Man teilt nach der Tiefenlage des Hypozentrums die Beben ein in Flachbeben (Herdtiefe bis 60 km), Mittelbeben (70—300 km) und Tiefbeben (300—700 km). Aus mehr als 720 km Tiefe sind bisher keine Erdstöße bekanntgeworden. Das bedeutendste Erdbebengebiet liegt im Hindukusch-Gebirge in Zentralasien. Dort wurden bei einer Herdtiefe von 220 km in einem nur 20 km breiten Streifen in den letzten 50 Jahren über 100 Beben der Grade 5—7 der Intensitätsskala beobachtet. In Kalifornien wird jedes zweite Jahr ein Beben der Stärke 6—6,5 festgestellt. Diese großen Beben stellen eine tektonische Auslösung örtlicher Spannungen der Erdkruste dar, die mit einer Entbindung potentieller Energie verknüpft ist. Von sowjetischer Seite beschäftigt man sich bereits ernsthaft mit der Frage, die Erdbebenenergie durch seismische Kraftwerke auszuwerten. Nach Prof. LEHMANN, Essen, liegt Agadir in der Nähe des Punktes, an dem sich die Zerrkante, die die Grenze zwischen Atlantik und afrikanischer Westküste bildet, mit der Aufwölbung des Atlasgebietes schneidet. An der der Küste parallel verlaufenden Zerrkante liegen Lissabon und Agadir, jenes von dem Großbeben im Jahr 1755, dieses von dem Großbeben 1960 zerstört.

E.

Besprechungen und Referate

PARRAS, K.

On the Charnockites in the Light of a Highly Metamorphic Rock Complex in Southwestern Finland

Bulletin de la Commission Géologique de Finlande, Nr. 181, Helsinki 1958

Der Charnockitbegriff ist ein gutes Beispiel dafür, wie ein Begriff, der mehr oder minder gefühlsmäßig angewendet wurde, im Laufe der Zeit Bedeutungen erhalten hat, die von seiner ursprünglichen abweichen. Der Verfasser behandelt aus diesem Grunde im ersten Teil der Abhandlung in einem weitangelegten historischen Überblick die bisher erschienene Charnockitliteratur. Hierzu gehören u. a. eine Zusammenstellung der Charnockitarbeiten der präkambrischen Schilde nach regionalen Gesichtspunkten und ein Autorenregister aller sich mit diesem Problem beschäftigenden Untersuchungen.

Ausgehend von der klassischen namengebenden Arbeit HOLLANDS (1893) über die indischen Charnockite, werden die petrogenetischen und terminologischen Fragen in ihrer Wandlung von der magmatischen (HOLLAND, GOLDSCHMIDT, SUTER, BUDDINGTON u. a.) zur metamorphen Richtung (VREDENBURG, BEZBORODKO, TILLEY, SCHÜLLER, KORJINSKI, BUGGE, RAMBERG, QUENSEL u. a.) diskutiert. Während der Originalname nach HOLLAND die sauren magnetitführenden Hypersthengranite eines scheinbar intrusiven Gesteinskomplexes zur Abtrennung von ultrabasischen, basischen und intermediären Gesteinen (Pyroxenite, Biotit-Augit-Norite) bezeichnete, ist im Laufe der Erforschung derartiger Gesteine das Mineralfaziesprinzip bestimmend geworden. Es ist ein besonderes Anliegen des Verfassers, dessen Richtigkeit in seinem Beitrag zu bekräftigen. Er regt an, den Charnockitbegriff ausschließlich im Sinne der Charnockitfazies zu gebrauchen, deren Kriterien er im ersten Teil ausführlich bespricht (u. a. S. 11 ff.). Damit würden der alte Streit und die Vorstellungen zur Genese auf Grund bestimmter pt-Bedingungen vereinfacht und gleichzeitig der Rahmen der Gesteine in Charnockitfazies vom ultrabasischen bis zum sauren Komplex gespannt werden. Erwähnt werden muß in diesem Zusammenhang, daß der Verfasser in Anlehnung an ESKOLA (1952) Charnockitfazies und Granulitfazies als eine Einheit betrachtet, wobei nach ESKOLA die texturellen Eigenheiten der letzteren durch den besonderen tektonischen Werdegang der Gesteine gegeben sind (S. 35).

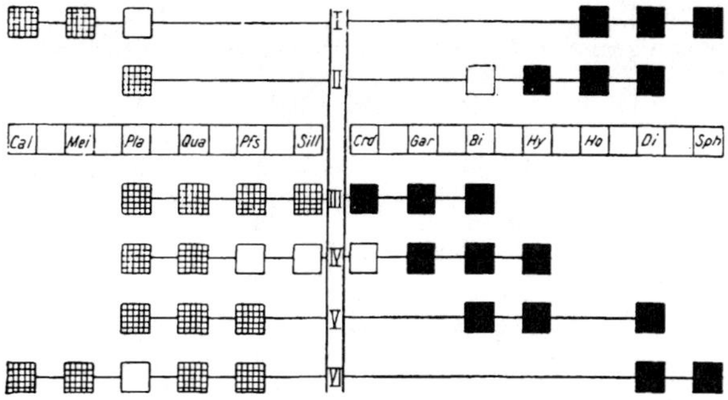

Paragenesen der charnocktischen Gesteine

Der südwestfinnische West-Uusimaa-Komplex in der Kernzone der Svekofenniden weist charnockitische Gesteine verschiedenen Ausgangsmaterials auf. Diese stoffliche Heterogenität bewirkt das Auftreten von verschiedenen charakteristischen Paragenesen (Abb.). Normale basische bis saure Gesteinstypen sind gekennzeichnet durch Hypersthen und oder Diopsid, besonders Ca-reiche durch Mejonit und Diopsid. Eigenartigerweise sind Biotit und Hornblende in vielen Gesteinen existent.

Die Hauptgesteine sind (s. auch Abb.):

I. Dunkle Mejonit-Diopsid-Amphibolite (Calcit, Mejonit, Hornblende, Diopsid, Sphen, $\pm$ Plagioklas).

II. Helle Pyroxenamphibolite (basische Charnockite, Plagioklas, Hypersthen, Hornblende, Diopsid, $\pm$ Biotit).

III. Granat-Cordierit-Gneise (Lutogenite; Plagioklas, Quarz, Kalifeldspat, Sillimanit, Cordierit, Granat, Biotit).

IV./V. Charnockite (Plagioklas, Quarz, Biotit, Hypersthen, Diopsid, $\pm$ Kalifeldspat, $\pm$ Granat): Pyroxengneise (Paracharnockite) und Pyroxengranodioritgneise (saure bis intermediäre Charnockite).

VI. Mejonit-Diopsid-Gneise (Calcit, Mejonit, Quarz, Kalifeldspat, Diopsid, Sphen, $\pm$ Plagioklas).

Zur Mineralogie dieser hochmetamorphen Gesteine werden aufschlußreiche Einzelheiten mitgeteilt, so u. a. optische Eigenschaften und chemische Zusammensetzungen der Biotite, Granate (25 Mol.% Pyrop), Skapolithe (ca. 75 Mol.-% Mejonit = Mizzonit), orthorhombischen Pyroxene (53 und 64 Mol.-% Hypersthen), monoklinen Pyroxene der Diopsid-Hedenbergit-Reihe (56 und 60 Mol.-% Hedenbergit) und Hornblenden.

Eine große Anzahl chemischer Analysen und Integrationsanalysen der Gesteine sowie die Ergebnisse der Spurenelementspektrographie, die allerdings hinsichtlich ihrer genetischen Deutung wegen weniger vorliegender vergleichbarer Untersuchungen mit Zurückhaltung bewertet werden sollen, vervollständigen das Tatsachenmaterial. Die Arbeit schließt mit einigen Bemerkungen zum Mineralfaziesproblem und mit einer Analyse des Beitrages des West-Uusimaa-Komplexes zur Charnockitfrage. Danach bilden die Gesteine des West-Uusimaa-Komplexes trotz ihrer verschiedenen magmatisch in- oder extrusiven sowie sedimentären Herkunft eine mineralfazielle Einheit und haben ihre Mineralparagenesen unter den Bedingungen der Granulitfazies erhalten.

Gottesmann

Davidson, C. F.

Some Aspekts of Radiogeology

Liverpool and Manchester Geological Journal, Vol. 2 (1960), S. 311–340

Verf. legt das Hauptgewicht in erster Linie auf die Untersuchungen über das Alter der Erde und auf die radiogeologisch ermittelte Chronologie der stratigraphischen Sukzessionen, zum anderen aber, und teilweise mit vielen Einzelbeispielen, auf die durch solche Zeitbestimmungen herbeigeführten Umwälzungen in den Anschauungen über die Bildungsweise von Erzlagerstätten. Es wird gezeigt, daß die radiometrische Prospektierung das Auffinden von Erzlagern, Ölfeldern und Kohlenreserven wesentlich erleichtert hat. Die begrenzte Zuverlässigkeit der an Voraussetzungen geknüpften und oft divergenten Bestimmungen nach den Zerfallsprozessen der verschiedenen radioaktiven Elemente wird hervorgehoben, jedoch mit anschließenden Hinweisen darauf, wie man durch Vergleich der Ergebnisse untereinander und mit geologischen Angaben zu befriedigenderen Bestimmungen gelangen kann. Eingehender behandelt der Verf. eine Reihe von Fällen, in denen alte Mineralisationen in jüngere Schichten gelangt sind und durch die Untersuchung von Isotopen die Zeitspannen zwischen Urentstehung, Neuprägung, Regeneration und letzter Ablagerung ermittelt werden können. Insbesondere legt er dar, wie nach den Mengen an radiogenem Blei die Geschichte von Uranlagerstätten ermittelt und wichtige Hinweise für weitere Prospektierungen gewonnen werden können. Hier, wie auch bei anderen Lagerstätten, ergibt sich radiometrisch, daß manche Erzgänge eine weit längere und komplexere Entwicklung hatten, als es nach der mineralogischen Prüfung den Anschein hat. Von Interesse sind ferner die Ausführungen über das in Kohlenflözen, den am wenigsten radioaktiven Gesteinen, vorkommende Uran, das durch Versickerung aus überlagernden und zwischengebetteten Laven, vulkanischen Aschen und kleinen Intrusionen dorthin gelangt ist.

Havemann

Neuman, W. B.

Über einige Besonderheiten der Herstellung von Strukturkarten bei Tafelbedingungen

„Neuigkeiten aus der Erdöltechnik. Geologie" (russisch), 1957, Nr. 6, S. 34–36

Der Autor geht bei seinen Betrachtungen von den Unterschieden aus, die zwischen dem Zeichnen von Isohypsenplänen geologischer Strukturen und dem Zeichnen von topographischen Karten der Erdoberfläche bestehen. Erstens weicht die Form der Strukturen vom Tafeltyp von den Erosionsformen der Oberfläche ab (erstere sind meistens oval, haben ein Verhältnis zwischen Länge und Breite von höchstens 2 : 1 bis 3 : 1, eine Amplitude von selten über 100 m und ein Einfallen der Flanken von 1 bis 2°), und zweitens ist im ersten Fall nur eine geringe Zahl von Meßpunkten vorhanden und die Form dem Auge nicht zugänglich, im zweiten aber die Zahl der Punkte bedeutend größer, und das Gelände ist ein Kriterium für die Karte.

Während für stark ausgeprägte Strukturen, wie es z. B. solche vom Geosynklinaltyp sind, die bekannten Regeln gelten (wichtig ist die Interpolation der Punkte im Fallen; keine Interpolation zwischen Punkten auf verschiedenen Seiten der Strukturachse), so kann man bei Strukturen vom Tafeltyp, die mehr eine isometrische, schwach ausgeprägte Form besitzen, einfach immer die nächsten Punkte verbinden und zwischen ihnen interpolieren. Diese Methode ist so lange anwendbar, wie die für die Interpolation verbundenen Punkte spitzwinklige Dreiecke bilden.

Beim Auftreten von stumpfwinkligen Dreiecken wird jedoch ein Kunstgriff nötig. Auf den Katheten werden Mittellote errichtet, und in dem Schnittpunkt der Mittellote mit der Hypothenuse wird jeweils ein neuer Punkt angenommen, der als Größe das arithmetische Mittel der beiden Punkte am Ende der entsprechenden Kathete erhält. Weiter wird zwischen den jetzt fünf Punkten normal interpoliert. Bei Vielecken werden alle gegenüberliegenden Punkte verbunden, und die Schnittpunkte erhalten als Größe das arithmetische Mittel.

F. Wegert

Gubra, P. K.

Die Rolle von Spalten im Borislawer Erdölfeld

„Geologia Nefti i Gasa", 1959, Nr. 11, S. 52–57

Eine Untersuchung der Kerne beim Abbohren des Borislawer Ölfeldes brachte viele Anzeichen für das Vorhandensein einer Reihe von Spalten und Klüften. So wurden makroskopisch Harnische in Tonsteinlagen und tonig-karbonatisch ausgefüllte oder leere Spalten beobachtet. An den Spaltflächen nichtölführender dichter Schluffsteine wurden oft Ölspuren entdeckt. Mikroskopische Untersuchungen zeigten eine Vielzahl von Mikrospalten, Zonen, in denen die das Gestein bildenden Körner zerbrochen sind u. a. m. Zur Erdölförderung abgeteufte Stollen, die z. Z. in einer Tiefe von 30 m in sandig-tonigen Sedimenten des Eozäns stehen, zeigten überall offenstehende Spalten, deren Breite im allgemeinen Bruchteile eines Millimeters beträgt und die die Schichten senkrecht zur Schichtung schneiden. Durch diese Spalten sickert Erdöl. Oft ist zu beobachten, das ein sonst nichterdölführender dichterer Sandstein in der Nähe der Klüfte ölführend ist. Zur Zeit werden aus den Stollen einige Tagestonnen Erdöl gefördert.

Ähnliches zeigen auch die Ozokeritlagerstätten des Borislawer Gebietes. So ist festzustellen, daß in der Nähe der Kluftzonen eine strenge Abhängigkeit zwischen Ozokeritführung und Porosität zu beobachten ist, die in den spaltenfernen Bereichen verwischt wird.

Diese Spalten diagenetischer und tektonischer Herkunft verbessern in wenig permeablen Sandsteinen die Erdölfiltration und -abgabe. Dabei werden die tektonischen Spalten auf längere Strecken beobachtet. Sie sind meistens senkrecht und dienen als Hauptmigrationswege aus tieferen Horizonten.

Es wird festgestellt, daß bei der Projektierung des Abbaus der Borislawer Lagerstätte unter der Überschiebung die Verbindung (wenn auch verlangsamt) der wichtigsten produktiven Horizonte an Klüften berücksichtigt werden muß. Da das Volumen der festgestellten Klüfte aber gering ist, ist der Hauptteil der Vorräte in den stark porösen Sandsteinen enthalten.

F. WEGERT

SCHIRMER, W.

Die Petrolchemie im VEB Leuna-Werke „Walter Ulbricht“

„Wissenschaft und Fortschritt“, Jg. 10 (1960), S. 41—44

Der Autor betont, daß man in der DDR von einem petrolchemischen Industriezweig kaum schon sprechen kann.

Als Ursache hierfür gibt er u. a. an: „die geringe Förderung eigenen Erdöls bis zum 2. Weltkrieg, den hohen Stand der chemischen Veredlung von Stein- und Braunkohle und den weitgehenden Ausbau der Karbidchemie“.

Auf eine bevorstehende Änderung in der Rohstoffbasis unserer chemischen Industrie wird folgendermaßen hingewiesen: „Wenn auch bei uns von einer Erdölförderung zur Zeit noch keine Rede sein kann, so haben wir inzwischen doch alle wissenschaftlichen und technischen Voraussetzungen für eine eingehende geologische Erkundung geschaffen, so daß wir mit großer Wahrscheinlichkeit auch Erdöl finden werden, zumal $^2/_3$ unserers Gebietes erdölhöffige Strukturen haben.“

Zur beschleunigten Lösung der technisch-ökonomischen Probleme des Siebenjahrplans der DDR wird die baldige Einführung petrolchemischer Verfahren dringend empfohlen.

E.

Recovery of Helium from Natural Gas

„Petroleum“, Bd. XXII (1959), H. 10, S. 361

Eine neue Methode der Trennung von Helium aus Gasgemischen beruht darauf, daß die relative Permeabilität bei der Diffusion durch Silikaglas für Helium etwa 1000mal so hoch ist wie für Wasserstoff und noch mehr für andere Gase. Um den Prozeß effektiv zu gestalten, müssen große Oberflächen von dünnem Glas angewendet werden bei möglichst großem Druckunterschied zwischen den beiden Seiten. Am besten eignet sich ein Bündel von feinen Kapillarröhrchen, die von außen vom Gas unter hohem Druck umspült werden, das Helium kann dann im Inneren der Kapillaren gewonnen werden. Die Kapillaren haben einen Außendurchmesser von 0,05 mm und eine Wandstärke von 0,005 mm. Diese Röhrchen können einem Kompressionsdruck von 100 at standhalten. Die Diffusion steigt stark mit der Temperatur, die Röhrchen können 400° C aushalten. Man könnte diese Diffusionszellen direkt in Gas-Pipelines einbringen und das Helium gewinnen. Bereits beim ersten Gang kann Helium von großer Reinheit gewonnen werden.

MEINHOLD

HOHL, R.

Die Quarzitlagerstätte am Fuchsberg bei Großkorbetha, Kr. Weißenfels

„Silikattechnik“, 10. Jg. (1959), H. 11, S. 551

Die Annahme von D. ALBRECHT und E. BEIER, daß es sich bei dem Korbethaer Quarzit um zwei Sorten handelt, wird durch Untersuchungsarbeiten der Staatlichen Geologischen Kommission während der Jahre 1952 bis 1954 widerlegt. Sowohl der „in Lehm eingebettete Quarzit Korbetha I“ (Silur—Devon) als auch der „nicht durch Lehm verunreinigte Quarzit Korbetha II“ (Tertiär) ist durch Einkieselung im Tertiär aus tertiären Sanden entstanden, und es liegt nur ein Lager vor. Das Liegende des Quarzits besitzt auch tertiäres Alter, und devonische und ordovizische Schichten sind erst in mehr als 1500 m Tiefe zu erwarten.

Z.

BARON, G.

Sur la synthèse de la dolomite, application au phénomène de dolomitisation

Revue de l'Inst. Français de Pétrole, Bd. XV (1960), H. 1, S. 3—68

Es wird versucht, die physikochemischen Bedingungen zu erforschen, die zur Ausfällung von Dolomit aus Meerwasser führen, und nachgewiesen, daß die Bildung von Dolomit nicht nur von der Salinität abhängig ist. Wichtig ist der Gehalt von Bikarbonat; denn Dolomit ist nur in einem System Cl^-, CO_3^{--}, CO_2, Na^+, Ca^{++}, Mg^{++}, H_2O im Gleichgewicht. Die Ausfällung aus Meerwasser kann daher nur erklärt werden, wenn man die Theorie von STRACHOW (hoher CO_2-Partialdruck in der geologischen Vergangenheit) zu Hilfe nimmt. Die meisten Dolomite dürften daher metasomatisch entstanden sein. Dieser Vorgang wird experimentell verfolgt.

MEINHOLD

NEWSKIJ, B. V.

Die komplexe Verwertung von Uranerzen

„Atomnaja energija“, Moskau, Jg. 6 (1959), 1, S. 5—13

Nachdem in den letzten Jahren die Uranlagerstätten mit reichen Erzen fast völlig ausgebeutet worden sind, werden infolge des steigenden Uranbedarfs auch Erze mit niedrigen Gehalten gewonnen. Dabei ist die Wirtschaftlichkeit der Gewinnung und Verarbeitung von ausschlaggebender Bedeutung. Eine Möglichkeit, das Uran aus armen Erzen billiger zu gewinnen, besteht darin, die Erze komplex zu verwerten, d. h. andere darin enthaltene Metalle oder Wertstoffe mitzugewinnen. Die Mitgewinnung begleitender Komponenten kann die Wirtschaftlichkeit der Urangewinnung in wesentlichem Maße steigern und zur Erweiterung der Vorräte führen.

Vom Autor werden auf Grund von Veröffentlichungen aus den letzten Jahren umfassende Angaben über die gegenwärtig bekannten und industriell eingeführten Verfahren der

Tab. 1. Die Uranvorräte in komplexen Erzen

Land	Art des Erzes	Vorräte in Mio t	Urangehalt in %	Gehalte d. begleit. Komponent.	Uranvorräte in 1000 t
Südafrika	goldführende Konglomerate	1000	0,0285	5—10 g/t Gold	285
USA	Phosphorite	1000	0,1	20—25% P_2O_5	100
USA	Carnotit-Sandsteine	63,3	0,212	bis 1—2% V_2O_5	135
Kanada	branneritführende Konglom.	205	0,09	bis 0,05% ThO_2	185
Schweden, USA u. a.	Kohlenschiefer	18000	0,001 bis 0,025	15—30% Brennstoffe	1800
davon Schweden	Kohlenschiefer	500	0,02	25% Brennstoffe	100

Tab. 2. Industrielle Minimalgehalte der Begleitkomponenten in komplexen Uranerzen; angenäherte Werte. Alle Angaben beziehen sich auf nichtangereicherte Roherze.

Art des Erzes	Industrieller Minimalgehalt	
	an Uran bei industr. Gehalten an anderen Komponenten in %	an anderen Komponenten bei industriellen Urangehalten
Gold–Uran	0,01	0,5 —1 g/t Gold
Phosphor–Uran	0,01—0,02	5 —10 % Phosphorpentoxyd
Uran–Vanadium	0,02—0,03	0,5 —1 % Vanadiumpentoxyd
Uran–Kupfer	0,02—0,03	0,2 —0,3% Kupfer
uranführende Kohlen u. Schiefer	0,03—0,05	20 —30 % Brennstoffe
Uran–Pyrit	0,01—0,02	2 —3 % Schwefel
Zirkon–Uran	0,01—0,02	1 —2 % Zirkondioxyd
Niob–Uran	0,01—0,02	0,05—0,1% Niobpentoxyd
Uran–Thorium	0,01—0,02	0,05—0,1% Thoriumdioxyd

Verwertung komplexer Uranerze gemacht. Gegenwärtig werden Gold-Uran-Erze, uranführende Phosphorite, Uran-Vanadium-Erze, Uran-Kupfer-Erze, uranführende Kohlen und Schiefer, Uran-Pyrit-Erze, Zirkon-Uran-Erze, Niob-Tantal-Uran-Erze, Uran-Thorium- und Uran-Molybdän-Erze komplex verwertet.

Von besonderem Interesse sind Mitteilungen über die Uranvorräte und industriellen Minimalgehalte in komplexen Erzen, die in den Tabellen wiedergegeben werden.

K. Köhler

Genkin, A. G.

Über die Rekristallisation sulfidischer Erzmetakolloide

,,Geologie der Erzlagerstätten", Moskau, Jg. 1 (1959), H. 4, S. 134—136 (russisch)

Bei der Untersuchung von Erzen der Kafansker Kupferlagerstätte (Armen. SSR) konnten interessante Rekristallisationserscheinungen metakolloider Erze festgestellt werden.

Die Erzkörper der Kafansker Lagerstätte stellen steil einfallende Gänge und stockwerkartige Vererzungszonen dar. Sie befinden sich inmitten jurassischer Effusivtuffe, die aus Plagioklas- und Quarzporphyrit-Tuffbrekzien bestehen. In Gangnähe wurden sie stark verändert. Pyrit und Kupferkies bilden die Haupterzmineralien. Die texturellen Besonderheiten der Lagerstätte sprechen mit Sicherheit für eine oberflächennahe Bildung der Erzgänge.

Besonderes Interesse erfordert das Vorkommen metakolloider Texturen auf den Erzgängen. Makroskopisch weisen diese Erze charakteristische matte Bruchstellen auf. Sie sind außergewöhnlich feinkörnig und lassen sich so deutlich von den normalen, grobkörnigeren Erzen mit glänzenden Bruchflächen unterscheiden.

Eine weitere charakteristische Besonderheit dieser metakolloiden Erzaggregate besteht im ständigen Vorhandensein typischer Trockenrisse. Diese werden zum großen Teile von Kupferkies ausgefüllt, der gelegentlich mit Bornit verwachsen ist, d. h. mit Mineralien grobkörniger Ausbildung.

Eine dritte Besonderheit stellt die Verteilung und das Verhalten des Pyrites dar. Dieser ist am häufigsten in den inneren Teilen der sphärischen Bildungen in Form zahlreicher kleinster Kriställchen ausgebildet und vergröbert sich nach der Peripherie zu immer mehr.

Die im Artikel reichlich angeführten Beobachtungen gestatten dem Autor einige Schlußfolgerungen zur Genese der beschriebenen Erze. Er kommt zu der Ansicht, daß es sich bei diesen feindispersen Mineralaggregaten um abgelagerte komplizierte Gele handelt. Das Auftreten derartiger Erscheinungen auf der Lagerstätte zeugt davon, daß sich die Erze durch plötzliche Lösungssättigung in geringen Tiefen bildeten und keinerlei größerer metamorpher Beeinflussung unterzogen wurden. Die Gelmassen wurden durch den Verlust des Dispersionsmittels der Dehydration unterzogen.

Durch das Freisetzen von Restlösungen bei der Dehydration und ihrer nachfolgenden Zirkulation auf den Schrumpfrissen werden örtlich auch feindisperse Aggregate von Bornit, Pyrit und Kupferkies abgeschieden. Als letztes Erzmineral erscheint schließlich das Fahlerz in Form von Trümern, die nicht nur die feinkörnigen, sondern auch die mit Kupferkies-Bornit ausgefüllten Schrumpfrisse durchsetzen.

H. S.

Borodin, L. S.

Über die Perowskit-Vererzung im Wuorijarwi-Massiv (Halbinsel Kola)

,,Geologie der Erzlagerstätten", Moskau, Jg. 1 (1959), H. 5, S. 21—30 (russisch)

Der Autor gelangt zu verschiedenen interessanten Schlußfolgerungen. So weisen die Altersverhältnisse von Perowskit mit den wesentlichsten gesteinsbildenden Mineralien — Pyroxen, Phlogopit und Titanomagnetit — und die Besonderheiten ihrer Verteilung im Massiv nach, daß der Perowskit nicht vor den Mineralien des Pyroxenites erscheint. Letzterer entstand durch Kristallisation ultrabasischer (pyroxenitischer) Magmen.

Die Perowskitbildung ist eng mit der metasomatischen Veränderung der Pyroxenite verbunden, vor allem mit ihrer Verglimmerung (Phlogopitisierung). Deshalb trifft man Perowskitanreicherungen hauptsächlich in den Teilen des Massivs an, in denen die Pyroxenite am stärksten verglimmert wurden.

Weiterhin beobachtet man im Massiv verschiedene Formen des Vorkommens von Perowskit (Einsprenglinge, Gang- oder Schlierenvererzung). Perowskit tritt vorwiegend als idiomorphe Bildung in oktaedrischen Kristallen oder isometrischen Körnern auf, die auf metasomatischem Wege gebildet wurden.

Die teilweise Abscheidung des Perowskites in den titanomagnetitreichen Zonen der Pyroxenite wurde vom Autor durch die ungleichzeitige Kristallisation der Mineralien aus dem Erzmagma erklärt. Die überwiegenden Verdrängungen des Titanomagnetites durch den Perowskit erfolgen aber während der metasomatischen Veränderungen der Erzpyroxenite. Gleichzeitig damit kann sich der Titanomagnetit gemeinsam mit dem Perowskit in Kataklasezonen absondern und bei der Umkristallisation des Pyroxenites Erzlinsen, Gänge und Zonen mit Einsprenglingserzen bilden.

Die Verbindung der Perowskit-Vererzung im Wuorijarwi-Massiv mit den Vorgängen der Alkalimetasomatose (Phlogopitisation) wird durch die Lokalisation der Perowskit- und Alkaligesteine und durch ihr Fehlen in Massiven ultrabasischer und nephelinsyenitischer Gesteine bestätigt.

H. S.

Hesselbarth, K. & G. Anger

Bericht einer bergmännisch-lagerstättenkundlichen Exkursion durch Finnland

,,Bergbauwissenschaften", Jg. 6 (1959), H. 15, S. 353—359

Der wichtigste Besichtigungsort auf der Exkursion war Outukumpu in Ostfinnland in der Nordkarelischen Provinz, in dem die gleichnamige Grube als die reichste Kupfererzlagerstätte Europas gilt. Die Zeche gehört zu den modernsten und größten Schachtanlagen des Landes. Die sicheren Erzvorräte werden heute mit 15 Mill. t angegeben, so daß die Lebensdauer der Grube bei der zuletzt erreichten Jahresförderung von 670000 t noch etwa 19 Jahre beträgt. Ursprünglich belief sich der Erzinhalt auf 20 Mill. t. Das Erzlager ist ein Teil eines schmalen, 40 km langen Gesteinskomplexes, der sich aus phyllitischen Schwarzschiefern, Dolomiten und Ca-Mg-Silikaten, hauptsächlich jedoch aus Glimmerschiefern, Quarziten und Serpentinen zusammensetzt und sich von SW nach NE erstreckt. Der Komplex liegt an der westlichen Flanke der karelischen Glimmerschieferformation. Bei einem Streichen von 45° fällt er mit durchschnittlich 15—30° nach SSW ab, liegt im Zentralbereich der Lagerstätte horizontal und steigt im SW wieder mit rd. 10° an. Die Gesamtlänge der Lagerstätte beträgt etwa 3,5 km, die Breite schwankt zwischen 250 und 400 m, die durchschnittliche Mächtigkeit stellt sich auf 7—9 m, die größte bisher festgestellte Mächtigkeit auf 44 m. Das ganze Erzlager ist wie eine langgestreckte Schote geformt. Das Fördergut enthält im Durchschnitt: 4% Kupfer im Kupferkies, 26% Eisen im Schwefel- und Magnetkies, 25% Schwefel im Schwefel- und Magnetkies, 1% Zink in Zinkblende und 42% Silikate (hauptsächlich Quarz). Es kommen noch als wertvermehrende Bestandteile hinzu: 0,2% Co, 0,1% Ni, 1 g/t Silber und Zinn in kleineren Mengen. Die tektonischen Verhältnisse sind sehr kompliziert. Das Erz wird nach drei Erscheinungsformen gegliedert: schichtförmiger Typus, massiger Typus, Breckzienerz, Erztypus mit quarzitischen Einlagerungen und Relikten. Die Erze bildeten sich aus submarin ausströmenden Thermen, die die Restlösungen der im Zusammenhang mit der karelischen Orogenese intrudierten Magmenmassen darstellen.

E. Siegmund

Goguel, J.

Application de la Géologie aux Travaux de l'Ingenieur

Verlag Masson & Cie., Éditeurs, Paris 1959

Das vorliegende, 357 S. umfassende Buch des bekannten Pariser Hochschullehrers verzichtet darauf, Methoden und Erkenntnisse der Geologie zu wiederholen, es setzt sie vielmehr voraus.

Das Buch wendet sich zunächst an den Geologen, um ihm seine Rolle als Begutachter und Berater zu erleichtern; es wird jedoch auch dem Ingenieur von Nutzen sein, indem es dazu beiträgt, die Bedeutung der ingenieurgeologischen Gutachten und Bezeichnungen sowie den Wert der vom Ingenieurgeologen gegebenen Vorschläge und Empfehlungen besser verständlich zu machen. Der Autor stellte sich die Aufgabe, eine Reihe der wichtigsten Fragen, vor die sich Ingenieurgeologe und Bauingenieur in bezug auf den Untergrund gestellt sehen, zu behandeln.

Im ersten Teil des Buches (Kapitel I—IV) werden die Methoden der ingenieurgeologischen Erkundung, ferner die Dokumentation, die Vorarbeiten, die geophysikalischen Untersuchungsmethoden, Bohrungen und bergmännischen Aufschlußarbeiten erörtert. Hier wären, insbesondere mit Rücksicht auf die bautechnischen Leser, Hinweise auf die Technik der Probeentnahme zweckmäßig gewesen. Die besten Untersuchungen und Forschungsergebnisse können ihren Wert verlieren, wenn gegen die Regeln der Entnahme, Aufbewahrung und Beförderung von Gesteins- und Erdstoffproben verstoßen wird; und diese Regeln sind nicht immer allen, die es angeht, geläufig.

Der zweite Teil (Kapitel V—XV) wird eingeleitet durch die Probleme der Hydrogeologie, deren Erörterung einen breiten Raum einnimmt. Es folgt eine Darstellung der physikalisch-mechanischen Eigenschaften und des baugrundtechnischen Verhaltens der Gesteine, insbesondere der Felsgesteine. Fragen des Talsperren- und Tunnelbaues werden kurz beleuchtet.

Der dritte Teil (Kapitel XVI—XVIII) ist den „geologischen Phänomenen" gewidmet. An erster Stelle stehen Vulkanismus und Erdbeben. Es folgen die Rutschungserscheinungen sowie die Wegführung der Gesteinstrümmer und die Maßnahmen zur Eindämmung dieser Erscheinungen. Das Werk wird abgerundet durch die Betrachtung einiger geographisch-klimatologisch bedingter Erscheinungen und ihrer Beziehungen zur bautechnischen Tätigkeit des Menschen: Gletscher, Schnee, Meer, Wind.

Im ganzen liegt mit diesem Buch eine interessante Bereicherung der ingenieurgeologischen Literatur vor. Wer Französisch zu lesen versteht, wird an der flüssigen, präzis-korrekten Ausdrucksweise Gefallen finden. A. Thomas

Vaughen, W. W., R. H. Wilson & E. E. Wilson

Drill Core Scanner Proved in Field

„Min. Eng.", Jg. 11 (1959), H. 6, S. 617—620

Um genaue Gamma-Strahlungsmessungen an Bohrkernen durchführen zu könen, bei denen Geräte mit Geigerzählern als Meßelement nicht mehr empfindlich genug sind, wurde ein Festphosphor-Szintillationsabtaster für Bohrkerne entwickelt. Das für verschiedene Bohrkerndurchmesser verwendbare Gerät wurde auf den Bereich zwischen 0,01 und 0,1% eU_3O_8 geeicht. Für den darüberliegenden Bereich genügt die Empfindlichkeit der Meßgeräte mit Geigerzählern. Die Verf. beschreiben eingehend die Meßgeräte und Meßmethoden sowie die damit gemachten Erfahrungen. -Z-

Kirkels, P. A. H. & O. S. Kuyl

Verfahren zum Schutze von Kohlenkernen für petrographische und physikalisch-chemische Untersuchungen

„Glückauf", Jg. 96 (1960), H. 1, S. 43—44

Während der Schürfarbeiten im Karbon des Peelgebietes (Nordbrabant) wurde ein Verfahren zum Schutze von Kohlenkernen für petrographische und physikalisch-chemische Untersuchungen entwickelt, mit dessen Hilfe die Grusbildung bei Kohlenkernen auf ein Mindestmaß eingeschränkt werden kann. Das Verfahren bezieht sich einmal auf die Verwendung verschiedener Hilfsmittel beim Entfernen des Kohlenkernes aus dem Kernrohr und zum anderen auf Maßnahmen zum Schutze der erhaltenen Kohlenkerne.

Zum Entfernen des Kohlenkerns ruht das einseitig in einem Flaschenzug eingehängte Gestängerohr in einem auf einem Wagen befestigten Traggestell, womit das Gestängerohr unter einem solchen Winkel aufgehängt werden kann, daß im Normalfall der Kern selbsttätig aus dem Kernrohr gleitet. Hierbei bleibt das Ende des Gestängerohres jedoch frei, so daß mit Hilfe eines Klemmstückes eine Abfangrinne angebaut werden kann. Das Klemmstück, das am Kernrohr anliegt, weist einen um 2 mm größeren Innendurchmesser auf als das Kernrohr. Es ist mit einer Bremse ausgerüstet, die ein Weiterschieben des Kernes verhindern kann. Die in das Klemmstück eingepaßte 800 mm lange Rinne ist leicht auszuwechseln und weist ein Spiel von 5 mm auf, so daß der Kern an beliebiger Stelle durchsägt werden kann.

Zunächst wird das Nebengestein aus dem Kernrohr entfernt, bis das untere Ende des Kohlenkernes zu sehen ist. Im Anschluß daran wird in die Rinne ein Stück PVC-Folie von 0,2 mm Stärke gelegt, über das der Kern hinausgleitet. Gelingt dies bei schräggestelltem Gestängerohr nicht, wird der Kern hydraulisch aus dem Kernrohr in die Abfangrinne gepreßt, wobei das Rohr waagerecht liegt. Ist der Kern länger als 80 cm, wird er bei 80 cm Länge durchgesägt. Darauf wird die gefüllte Rinne entfernt und durch eine leere ersetzt. Anschließend wird der Kern mit der PVC-Folie umwickelt, wonach die Längsnaht mit Kunststoffleim zugeklebt und die äußeren Enden der Folie zugeschnürt werden.

Zum Schutze des Kohlenkerns vor Zerstörung wird der Kern zentrisch in einen Pappzylinder mit Holzboden gebracht, an dessen Innenseite Holzlatten so befestigt sind, daß ringsum ein gleichmäßiger Abstand zwischen dem Kohlenkern und der Wand des Pappzylinders entsteht. Dieser ringförmige Raum wird dann mit einem aus Araldit (Epoxydharz) und Thiokol im Mengenverhältnis 3 : 2 bestehenden Kunststoffgemisch, dem ein Härtungsmittel beigefügt ist, gefüllt. Nach dessen Erhärtung ist der Kern von einer elastischen Schutzschicht von etwa 10 mm Stärke umgeben, der während des Transportes eine Grusbildung vermeidet. Die Schutzschicht ermöglicht ferner das Durchsägen des Kernes der Länge nach auf einer trockenen Sägemaschine mit einer Karborundumscheibe ohne die Gefahr einer Zerstörung. Die Kunststoffolie wurde gebraucht, weil das Araldit sonst in die Kohle eindringen und somit den Gehalt an flüchtigen Bestandteilen sowie an Asche beeinflussen würde. Das „AralditD" härtet auch bei Zimmertemperatur vollständig aus und schrumpft dabei nur wenig. Durch Zusatz von „Thiokol LP 3" erhält das harte und spröde Araldit mehr die Eigenschaften eines harten Gummis. Durch dieses Verfahren konnte bei den letztenTiefbohrungen im Peelgebiet das Zerreiben der Kohlenkerne ganz vermieden werden. Dagegen waren bei den vorhergehenden Bohrungen die Kohlenkerne bis zu 25% ihrer Gesamtlänge zerrieben, ehe sie im Laboratorium untersucht wurden. E. Siegmund

R. A. Ioannesyan, M. T. Gusman, A. A. Minin, G. I. Bulakh, E. I. Tagiev, N. I. Titkov, F. A. Treben & A. P. Ostrovsky

Progress in Turbodrilling and Study of new Drilling Methods in the U. S. S. R.

V. Welterdölkongreß, New York 1959, Section II — Paper 7

In der Sowjetunion wurden 1958 bereits 86,5% aller Erdöl- und Erdgasbohrungen mit Turbobohrern niedergebracht (1955 65%). Entscheidend für diesen Anstieg waren die erheblichen Leistungssteigerungen, die durch die Verbesserungen der Turbo-Bohrtechnik und der Bohrturbinen- und Meißelkonstruktionen erreicht wurden (durchschnittliche Bohrgeräteleistung 1210 m/Monat, mittlerer Bohrfortschritt 13,1 m/Bohrstunde).

Systematische Untersuchungen brachten den Beweis für die Abhängigkeit des Bohrfortschritts sowie der Meißel- und Geräteleistung von der auf der Bohrlochsohle wirksamen spezifischen Leistung, von dem auftretenden Drehmoment und von der wirkenden hydraulischen Leistung. Die Wirtschaftlichkeit des Schnellbohrens wird bei tiefen Bohrungen wesentlich von der Verwendung der dem jeweiligen Bohrlochdurchmesser entsprechenden optimalen Turbinengröße, von der Anzahl der Turbinenstufen und vom wirksamen Pumpendruck bestimmt.

Wegen des Abganges von übergroßen Bohrlochdimensionen wurden kleinere Turbobohrer ($7^1/_2$", $8^1/_2$" und $9^1/_2$") entwickelt, auch für das Englochbohren stehen Turbobohrer zur Verfügung. Bei den neuen Turbobohrern wurde die Leistungsfähigkeit durch Erhöhung der Zahl der Turbinenstufen (bis 350) gesteigert, wobei die Höhe der Turbinenstufen beträchtlich verringert wurde. Die Verwendung von Hartgummi als Lagermaterial setzte in Verbindung mit dem Laufen der Lager in Flüssigkeit die Lagerreibung herab, so daß die Turbobohrer jetzt einen Wirkungsgrad von 70% erreichen.

Bei den Bohrmeißeln bedeutete die Verminderung der Lagerbelastung eine Erhöhung der Meißelstandzeit, also einen Gewinn für die Bohrleistung. In dieser Hinsicht sind die „Meißel mit entlasteten Lagern", bei denen das auf den Meißel wirkende Gewicht durch ein Führungshalslager auf das Gegenlager und damit auf den Meißel übertragen wird, und der „Differential-Meißel", bei dem das ganze Lagersystem wie ein Differential-Reduktions-Getriebe arbeitet, bemerkenswert. Für plastische Formationen ist ein „4-Kegelrollenmeißel mit niedrigem Drehmoment" entwickelt worden, bei dem die Kegelrollen so gestellt sind, daß sich der Meißel selbsttätig reinigt. In besonders harten Gesteinsschichten und beim „Slim hole-Bohren" werden Meißel mit hoher Drehgeschwindigkeit verwendet, deren Zähne mit Diamantsplittern besetzt sind.

Die Verbesserung der Technik des Richtbohrens wurde durch die Entwicklung leistungsfähiger Bohrturbinen, neuer Ablenkungswerkzeuge und neuer Kontrollinstrumente gefördert. Beim Richtbohren werden kurze Bohrturbinen von 1,5—4 m Länge mit großer Leistung jeder Turbinenstufe eingesetzt. Diese Sektionsturbinen, deren Stufenachsen sich kreuzen, stellen gleichzeitig ein sicheres Ablenkungswerkzeug dar. Die Kontrolle der Bohrlochablenkung erfolgt mit einem auf hydraulischer Grundlage beruhenden Instrument, das bei Abweichung des Bohrers von der vorgesehenen Richtung den Spülstrom zum Turbobohrer unterbricht. Die verbesserte Ausrüstung ermöglicht das gleichzeitige Niederbringen von 2 oder 3 Richtbohrlöchern mit einer Bohranlage. Dieses Verfahren bringt etwa 50% Zeitgewinn gegenüber dem Stoßen einzelner Bohrungen.

Das Turbo-Bohrverfahren ist auch zum Niederbringen von Gefrierlöchern und zum Abteufen kleiner Schächte geeignet. Hierfür wurde eine mit mehreren Meißeln ausgestattete Bohreinrichtung entwickelt, bei der jeder Meißel durch Turbinen getrieben wird. Die Bohrturbinen arbeiten nach dem Gegendruckprinzip.

Von den neuen Bohrverfahren ist das Elektrobohren im Feld bereits gründlich erprobt worden. An Stelle des Turbobohrers sitzt hier der Elektrobohrer (Motor) über dem Meißel und treibt diesen mittels einer Spindel an. Elektromotor und Spindel laufen in Öl. Die Stromzufuhr erfolgt durch ein im Bohrgestänge verlaufendes Kabel. Durch dieses Kabel ist zugleich die Kontrolle des Bohrlochverlaufs möglich, da es mit einem Inklinometer verbunden ist, der eine Ablesegenauigkeit von $\pm$ 0,5° gewährleistet. Das Elektrobohren läuft unter genauer Kontrolle automatisch, der Vorschub wird automatisch gesteuert. Auch Richtbohrungen können mittels Elektrobohrer gestoßen werden. Beim Elektrobohren ist die Verwendung von Schwerspülung, von Gas oder Luft als Spülungsmittel möglich, auch Verkehrtspülung ist anwendbar.

In Erprobung ist noch das gestängelose Elektrobohren; dessen Leistungsfähigkeit hängt von der Entwicklung eines hochtourigen E-Motors ab, da die fehlende Meißelbelastung durch höhere Meißelgeschwindigkeit ausgeglichen werden muß.

Während das Explosionsbohren zum Durchteufen sehr harter Gesteinsschichten von beschränkter Mächtigkeit bereits mit Erfolg angewendet wird, ist das Vibrationsbohren und Zertrümmerungsverfahren mittels elektrischer Entladungen noch im Versuchsstadium. Beim Explosionsbohren erfolgt die Vertiefung durch wiederholte Unterwassersprengungen; es wird beim Auftreten von Hindernissen in großen Bohrteufen benutzt. Die Vibrationsmethode beruht auf der Übertragung häufiger Kraftimpulse auf das Gestein. Günstige Ergebnisse brachte eine Verbindung der Vibrationsmethode mit dem Rotary-Bohren, wobei Spalt- und Scherkräfte zusammenwirken.

ODER

SZTANKOCZY, E.

Wirtschaftliche und technische Resultate bei Turbinenbohrungen in Österreich

„Erdölzeitschrift", Jg. 75 (1959), H. 12

50000 im Turbinenbohrverfahren niedergebrachte Bohrmeter bilden die Grundlage zur Beurteilung der Wirtschaftlichkeit des Turbinenbohrens. Neben einer Verbesserung des hydraulischen Wirkungsgrades und der Erhöhung der Lebensdauer der Bohrturbinen durch eine neuartige Konstruktion des Traglagers gelang auch die Entwicklung eines $10^5/_8$"-Turbinenrollenmeißels mit hoher Standzeit.

Über die Hälfte der obenerwähnten Bohrmeter entfallen auf gerichtete Schrägbohrungen. Diese sind mit Turbinen genauer durchführbar als im Rotaryverfahren mittels Whipstock. Durch Kontrollmessungen alle 25—50 m werden die Bohrungen mit $\pm$ 10 m räumlicher Genauigkeit niedergebracht. Die Leistungen bei 1500 bis max. 1750 m tiefen und 15° bis max. 20° von der Lotrechten abgelenkten Bohrungen betragen im Durchschnitt etwa 80—100 m je Tag bei einer reinen Bohrzeit von ca. 5 Stunden. In weichen, sandigen Formationen wurden Leistungen von 200 bis 320 m in 5 bis 7 Stunden reiner Bohrzeit erreicht, während bei sandfreien, zähen Gesteinen die Leistungen auf 40—70 m in 5 Stunden sanken.

Sowohl bei gerichteten Schrägbohrungen als auch bei vertikalen Bohrungen haben sich die Turbinen größeren Durchmessers gegenüber denen kleineren Durchmessers als leistungsfähiger erwiesen, was durch nachfolgende Aufstellungen verdeutlicht wird.

Für die Bohrlochsohle zur Verfügung stehende PS-Leistung bei 1 m/s Ringraumgeschwindigkeit der Spülung:

Bohrlochdurchmesser	$8\,^1/_2$"	$10\,^5/_8$"	$12\,^1/_4$"
Turbinen-A.D.	$6\,^5/_8$"	8"	10"
PS auf Bohrlochsohle	65	145	352
PS/cm²	0,182	0,255	0,464

Spezifisches Druckgefälle bei den üblichen Spülungsmengen:

10"	Turbine zwischen	0,2—0,3 atü/PS
8"	„ „	0,3—0,4 atü/PS
$6^5/_8$"	„ „	0,6—1,0 atü/PS

BAER

Bohranlage für thermisches Bohren

„Presse der Sowjetunion" Nr. 125, 1959, S. 2812

Die Zerstörung des Gesteins erfolgt bei dieser Bohranlage nicht mechanisch wie bei den bisher angewendeten Bohrverfahren, sondern durch Wärmespannungen, die durch den mit Schallgeschwindigkeit auf das anstehende Gestein auftreffenden Verbrennungsstrahl des flüssigen Brennstoffs und Sauerstoffs bzw. der Druckluft erzeugt werden.

Wesentlichster Ausrüstungsteil der Bohranlage STB—1 ist der Thermobohrer, der die Verbrennungskammer und die Strahldüse enthält. Zur Ausrüstung gehören ferner Brennstoffbehälter, Sauerstoffflaschen bzw. eine Kompressoranlage mit Zuleitungen zur Brennkammer. Vorschub und Drehbewegung des Bohrers werden mit Hilfe einer Hydraulikanlage geregelt, mit der auch alle anderen Einrichtungen der Bohranlage gesteuert werden. Zur Kontrolle der einzelnen Arbeitsvorgänge sind alle erforderlichen Meßeinrichtungen eingebaut, so daß jederzeit eine genaue Regelung möglich ist.

Die gesamte Ausrüstung ist auf Lastwagen und Anhänger montiert.

Mit der Bohranlage STB—1 können vertikale und geneigte Bohrlöcher niedergebracht werden, da der Thermobohrer an einem schwenkbaren Mast befestigt ist. Zum Bohren wird die Düse des Thermobohrers in einem aus den physikalischen Eigenschaften des zu durchbohrenden Gesteins bestimmten Abstand von der Gesteinsfläche eingestellt, so daß die größte Wirkung des Verbrennungsstrahls auf das Gestein erreicht wird. Während des Bohrens wird der Thermobohrer gekühlt. Der Vorschub und die Eindringtiefe des Bohrers werden hydraulisch geregelt. Der Bohrer bewegt sich geradlinig in drehender Bewegung nach vorn, wodurch eine gleichmäßige Verteilung der Verbrennungswärme auf die zu bearbeitende Gesteinsfläche eintritt. — Gegenwärtig wird an der Entwicklung eines automatischen Vorschubs gearbeitet, um Leistung und Sicherheit der Bohranlage zu erhöhen.

Die Bohrlochdurchmesser liegen zwischen 120 und 200 mm, die erreichbare Bohrtiefe beträgt bisher 8 m. Im Bohrlochtiefsten können Auskesselungen bis auf 500 mm Durchmesser vorgenommen werden, so daß geballte Sprengladungen eingebracht werden können.

Die Bohranlage STB—1, die in verschieden harten Gesteinen erprobt wurde, hat sich besonders in harten Gesteinen (z. B. Granit) gut bewährt. Sie dürfte in Steinbrüchen gut verwendbar sein. Der Einssatz in Erzlagebauen ist vorgesehen.

Die Leistung des Bohrgerätes war auch mit Druckluft als Oxydationsmittel etwa zehnmal größer als mit Craelius- oder Seilschlaganlagen.

ODER

Sonic Energy Produces Fracture

„Petrol. Engineer", Dallas, Vol. 31 (1959), Nr. 13, S. B 50 und B 54

Dieses Verfahren ist eine Abwandlung der hydraulischen Rißbildung. Aber der Initialdruck zum Aufbrechen des Gebirges wird nicht durch hohe Pumpendrücke erreicht, sondern durch Stoßwellen detonierender Hohlladungen, die auf einige engbegrenzte Stellen fokussiert und rasch nacheinander gezündet werden. Dadurch wird das Gebirge in der gewünschten Richtung aufgebrochen. Mit herkömmlichen Verfahren werden dann die Risse erweitert und offen gehalten.

MEINHOLD

Neuerscheinungen und Literaturhinweise

IWANOW, A. A. & J. F. LEWIZKI
Die Geologie der halogenen Ablagerungen (Formationen) der UdSSR
Gosgeoltechisdat, Moskau 1960, 360 S.

HARDIN, G. C. & R. D. TRACE
Geology and Fluorspar Deposits, Big Four Fault System, Crittenden County, Kentucky
U. S. Geological Survey, Washington, D. C., 1959, Bulletin 1042, S. 699–724

KING, P. B.
The Evolution of North America
Princeton University Press, Princeton, N. Y., 1959

Autoren-Kollektiv
Geologie des Erdöls (Handbuch Bd. I. Grundlagen der Geologie des Erdöls)
Gostoptechisdat, Moskau 1960, 576 S.

SUDOPLATOW, A. P. & K. K. KUSNEZOW
Komplexprojektierung für die Erschließung und Entwicklung der Kohlenreviere in der UdSSR
„Bergbautechnik", Jg. 9 (1959), H. 7, S. 346–358

Jahrbuch des deutschen Bergbaus. Jg. 1959
Hrsg. von W. RAACK, P. SCHORN, E. SCHRÖDTER, Verlag „Glückauf", Essen 1959.

BILIBINA, T. W. u. a.
Über die Uranvererzung des sedimentär-metamorphen Typus im Marmor und skarnartigen Gestein im Vorkambrium
Zap. vses. miner. Ob., Jg. 88 (1959), Nr. 4, S. 369–376 (russisch)

Autoren-Kollektiv
Angaben zur Geologie, den Bodenschätzen und der Mineralogie des Fernen Ostens (Arbeiten der Sibirischen Abteilung der Fernöstlichen Filiale der Wissenschaften der UdSSR. Geologische Reihe, Bd. IV)
Isd-wo AN SSSR, 1960, 256 S.

Nachrichten und Informationen

Einsatz einer Spezialistengruppe in der Volksrepublik Rumänien

In der Zeit vom 25. September bis zum 5. Dezember 1959 weilte eine Gruppe von Geophysikern und Technikern des VEB Geophysik, Leipzig, in der Rumänischen Volksrepublik, um im Rahmen der Zusammenarbeit sozialistischer Staaten geophysikalische Versuchsmessungen zur Erzerkundung auszuführen.

Der Schwerpunkt der Messungen lag in der Erkundung linsenförmiger Siderit- und Limonitvorkommen im Poiana-Rusca-Gebirge. Einige, mehr informatorische Profile wurden in der Dobrudscha und in der Moldau vermessen. Entsprechend der Aufgabenstellung, beschränkten sich die Arbeiten auf Testmessungen an zum Teil bekannten Vorkommen. Dabei wurde vor allem Wert auf die Anwendung mehrerer Verfahren am gleichen Objekt gelegt, wobei geoelektrische (besonders Turammessungen), geomagnetische, radiometrische und gravimetrische Messungen zur Ausführung kamen. Durch diese komplexe Methodik war es möglich, eine gute Lokalisierung der Störkörper im Untergrund vorzunehmen.

Die gemeinsam durchgeführten Erkundungsarbeiten vermittelten wertvolle Anregungen und Erfahrungen und bilden die Grundlage für eine spätere systematische geophysikalische Erkundung der rumänischen Eisenerzvorkommen.

SANDNER

Sowjetische Hilfe für industriell rückständige Länder

In Kürze wird das indische Stahlwerk Bhilai, das mit sowjetischer Hilfe erbaut wurde, seine Kapazität auf 2,5 Mio t erhöhen. Gegenwärtig halten sich in Bhilai gegen tausend sowjetische Arbeiter und Spezialisten auf, während gleichzeitig 500 indische Spezialisten und Arbeiter in sowjetischen Eisenhüttenwerken qualifiziert werden.

Der indonesischen Wirtschaft leistet die Sowjetunion wirtschaftliche und technische Hilfe bei der Entwicklung des Kohlenbergbaues, der Buntmetallurgie, der Baustoffindustrie und dem Kraftwerkbau. Es besteht ebenso wie mit Indien ein Abkommen über Hilfe und Zusammenarbeit zur Durchführung geologischer Erkundungen. In Ceylon werden Urwaldgebiete durch hierfür eigens in der Sowjetunion konstruierte Maschinen gerodet.

Sowjetische Hilfe wird weiter bei der Projektierung eines Wasserkraftwerkes und eines Eisenhüttenwerkes und beim Bau von Bewässerungsanlagen am Fluß Malwa Ha-oja geleistet.

Dem Irak hilft die Sowjetunion bei der Errichtung mehrerer Betriebe des Maschinenbaus und der chemischen Industrie, beim Bau von Bewässerungsanlagen und bei der Durchführung von geologischen Schürfarbeiten. Das sind nur einige der zahlreichen Hilfsmaßnahmen der Sowjetunion, die sie industriell rückständigen Ländern leistet und die gegenüber den gewaltigen Projekten, wie sie der Bau des Assuan-Staudammes in Ägypten darstellt, mitunter übersehen werden.

E.

Aus der italienischen Energiewirtschaft

Im Jahre 1958 konnte der italienische Energiebedarf von 56 Mill. t Steinkohleneinheiten nur zu 39% durch heimische Energiequellen (28% Wasserkraft und 11% Erdgas) gedeckt werden, während Öl mit 41% und Kohle mit 20% beteiligt waren. Bis 1965 rechnet man mit einer weiteren Steigerung des Energiebedarfs auf 76 Mill. und bis 1975 auf 110 Mill. t Steinkohleneinheiten. Durch Erwerbung von Erdölkonzessionen in Persien, Ägypten, Somalien, Marokko und Libyen versucht daher der italienische Staatskonzern ENI (= Ente Nazionale Idrocarburi), sich weitere Positionen für die Energieversorgung zu sichern.

Die Erdgaserzeugung in Oberitalien überschritt 1959 5 Milliarden m³. Zur Zeit arbeiten 2000 Industriebetriebe mit Erdgas, wodurch 100 Mill. Devisen eingespart werden konnten. Durch Abschluß eines Gegengeschäftes mit der Sowjetunion werden 10000 t synthetischer Gummi gegen 1,5 Mill. t Erdöl verkauft.

Von den 85 bisher in Sizilien niedergebrachten Bohrungen sind 35 fündig. Besonders günstig ist das Gebiet von Gela („Italienisches Texas"), das die reichsten Ölvorkommen Westeuropas besitzen soll und eine jährliche Förderkapazität von 3 Mill. t aufweist. Neuerdings sind außerdem 2 Unterwasserbohrungen im Küstenvorland von Gela in 3121 m Teufe gut fündig geworden. Dort bohrt z. Z. die auf 3 Caissons ruhende Bohrinsel „Scarabeo". Es ist beabsichtigt, die neueste Erkundungssonde bis zu 4400 m niederzubringen.

Neben der Raffinerie will man in Gela noch eine große petrochemische Anlage zur Erzeugung von Düngemitteln, anderen chemischen Produkten und Erdölkoks bauen. In dem bereits 1958 angelaufenen Werk in Ravenna betrug 1959 die Produktion von synthetischem Gummi 40000 t und von Stickstoffdünger 0,75 Mill t. Bis 1961 ist eine Verdoppelung der Gummierzeugung und eine Steigerung der Kunstdüngerproduktion auf 1 Mill. t vorgesehen. Damit hat das Werk einen inländischen Marktanteil von 50% bei Stickstoffdünger und 30% bei synthetischem Gummi. Der Staatskonzern verkauft Stickstoffdünger um 15% billiger als ein privater italienischer Konzern und gibt Methangas um 30% billiger ab als Kohle.

Z.

Erdöl/Erdgas

Chemiegiganten an der transeuropäischen Rohölfernleitung

An der Rohölfernleitung, die vom Wolgagebiet aus gebaut wird, werden drei Chemiegiganten entstehen: Schwedt a. d. Oder, Ploc in Polen und Bratislava in der ČSSR. Der Durchmesser der Leitung bis Ploc beträgt 630 mm, von dort bis Schwedt (390 km) 529 mm.

1963 wird der erste Bauabschnitt des Werkes in Ploc fertig sein und 2 Mill. jato Rohöl zu Mineralölen, Phenolen, Azeton, Propylen, Äthylen, Waschmitteln usw. verarbeiten. 1967 soll der zweite Bauabschnitt beendet sein. Das Werk wird dann ein eigenes, mit Masut befeuertes Kraftwerk besitzen.

Das Werk Slovnaft in Bratislava ist das Hauptprojekt des tschechoslowakischen Chemieprogramms. Bereits 1965 soll es mehr als die Hälfte des tschechoslowakischen Treibstoffverbrauchs decken. E.

Der Rheintalgraben

Die geophysikalische Tiefenuntersuchung des Rheintalgrabens setzte im Rahmen der Erdölerkundung etwa 1950 ein. Zeitweise arbeiteten gleichzeitig 10—15 Trupps mit Meßwaagen, kleinen Bohrgeräten und Geophonen. Nachdem der Sondenbrand von Wolfskehlen auf größere Vorräte hingewiesen hatte, wurden die höffigen Gebiete verstärkt abgebohrt.

1950 waren nur die Ölfelder Weingarten und Forst-Weiher bekannt. Sie förderten monatlich etwa 500 t Rohöl. Bis Ende 1958 waren 12 Erdölfelder und 7 Erdgasfelder neu gefunden worden. 1959 kamen die Felder Knielingen und Rheinzabern, in der Nähe von Karlsruhe, dazu. Die Förderung lag im Januar 1960 bei 16604 t. Die gewinnbaren Vorräte wurden auf 3,3 Mill. t berechnet.

Die stark zerklüftete und in kleine Schollen zerbrochene Grabensohle ist auf der östlichen Seite des Rheintalgrabens in der Nähe von Heidelberg am stärksten, und zwar um etwa 5500 m, gegenüber den Randgebirgen eingesunken. Südlich von Heidelberg beträgt die Absenkung etwa 4 km, südlich von Darmstadt mindestens ebensoviel. E.

Erdölfelder des Pariser Beckens

Der „Industriekurier" vom 24. 3. 1960 teilt mit, daß bei Nantouillet, 30 km nordöstlich von Paris, eine Sonde in 1700 m Teufe fündig wurde. „Damit haben die Geologen eine erneute Rechtfertigung ihrer These gefunden, daß sich westlich, südlich, östlich und nördlich von Paris Erdöllager befinden müssen."

„Erdöl und Kohle", Jg. 13 (1960), S. 137, berichtet folgende Einzelheiten:

Im Feld Coulommes wurde die Erweiterungsbohrung BF-21 mit 200 tato Rohöl fündig. Von den in dem Feld niedergebrachten 34 Bohrungen sind 29 Produktionssonden, sie fördern aus 1600—2000 m Teufe ca. 920 tato Rohöl von 33,1° API. Im Juni 1958 wurde das Feld Chateaurenard entdeckt. Von den 10 niedergebrachten Bohrungen fördern vier ca. 70 tato Rohöl von 21,2° API aus ca. 600 m Teufe. Auf dem im November 1958 entdeckten Feld Cailly-en-Bière stehen von 15 gestoßenen Bohrungen 13 in Produktion mit ca. 180 tato. Im April 1959 wurde nordöstlich des Feldes Chailly-en-Bière bei Brie Chartrett ein neues Feld erkundet, von dessen acht niedergebrachten Sonden sechs mit ca. 50 t Rohöl aus ca. 1700 m Teufe produzieren. In dem im Mai 1959 entdeckten Feld St. Martin-de-Bossenay fördern von sechs Bohrungen fünf 110 tato aus 1530 m Teufe.

Nach dem „Industriekurier" soll nunmehr vor allem der Norden und Westen von Paris systematisch auf Erdölvorkommen erkundet werden. Neue Konzessionen wurden bei Gisors und Laon vergeben. Das Pariser Becken soll ein neues, wichtiges Erdölzentrum Frankreichs werden.

E.

Neues aus libyschen Erdölfeldern

Von dem Feld Zelten wird Ende 1960 eine Fernleitung von 76 cm ∅ für eine jährliche Durchlaßkapazität von 20 Mill. Tonnen gebaut. Nach Brennstoff-Chemie, Bd. 41 (1960), S. 13, gelten folgende Jahresförderungen der einzelnen libyschen Erdölfelder bisher als gesichert:

Gesellschaft	Ort	Anzahl d. fünd. Bohr.	Gesamtförderung t/J
Oasis	Bahi, Dahra	5	540000
Shell	Bir-Tlacsin	1	35000
Gulf	Em-Gayet	1	38000
Libyan-American	Mabruk, Zahalin	2	105000
Esso-Libya	Zelten	4	1830000
Amoseas	Beda	1	183000
Mobil Oil	El-Amal	1	43000
		15	2774000

Mineralölinstitut in Kuba

Am 4. 4. 1960 gab die kubanische Regierung die Gründung eines kubanischen Mineralölinstituts bekannt, das den Verkauf der in Kuba aus importierten sowjetischen Rohölen gewonnenen Mineralölerzeugnisse übernehmen soll. Das Institut erhält ein eigenes Tankstellennetz und wird den Wettbewerb mit den US-Monopolen aufnehmen. Nach Äußerungen von Regierungsseite kann Kuba durch die Einfuhr sowjetischen Rohöls jährlich 20 Mill. $ an Devisen sparen.

E.

Erdgaspreise

Der Durchschnittspreis für Erdgas ab Feld lag 1958 in den USA bei 13 ct. je 1000 Kubikfuß; das sind weniger als 2 Pf/Nm³ mit rd. 10000 WE. Großabnahmeverträge über Lieferung von hochwertigem Erdgas aus dem Gebiet der Golfküste hatten einen Durchschnittspreis von 20—22 ct/1000 Kubikfuß = 3—3,3 Pf/m³ zur Grundlage. Der Regierung von Venezuela liegt ein Angebot zur Abnahme von Methan, das verflüssigt und per Schiff abtransportiert werden soll, zu 1,5 Pf/m³ vor. Für Methangas aus der Sahara wird ein Feldpreis von 1,25 Pf/m³ einkalkuliert. E.

Kohle

Die Braunkohlenförderung der Welt in den Jahren 1956 bis 1959

Länder und Erdteile	1956	1957	1958	1959
	(in Mill. metr. t)			
Westdeutschland einschl. Saarland	95,24	96,81	93,49	93,4
Europäische Gemeinschaft für Kohle und Stahl zusammen	98,27	99,91	97,31	97,1
Bulgarien	10,45	11,50	12,35	14,7
Deutsche Demokratische Republik	205,85	212,60	214,97	214,0
Jugoslawien	15,87	16,70	17,88	19,9
Österreich	6,73	6,87	6,49	6,2
Polen	6,18	5,96	7,54	9,1
Rumänien	6,28	6,80	7,09	7,2
Tschechoslowakei	46,30	51,02	56,84	54,0
Ungarn	18,22	18,92	21,62	22,5
Europa zusammen	418,77	436,62	448,58	450,9
Sowjetunion	125,50	136,00	143,00	146,2
Asien zusammen	2,96	3,49	3,47	3,2
Kanada	2,12	2,04	2,05	2,0
Vereinigte Staaten von Amerika	2,61	2,37	2,20	2,2
Nordamerika zusammen	4,73	4,41	4,25	4,2
Ozeanien zusammen	12,59	12,72	13,74	15,2
Welt insgesamt	564,55	593,24	613,04	619,7

(Nach: „Glückauf", Essen, H. 6 v. 12. März 1960)

E.

Braunkohle von Dimitrowo (Bulgarien)

Etwa 30 km südwestlich von Sofia befinden sich bei Dimitrowo Kohlenvorkommen, die genetisch den oberbayrischen Pechkohlen ähnlich sind.

Es handelt sich um eine Streifenkohle mit vitritreichen Glanz- und durit- sowie fusitreichen Mattkohlenpartien, die auf Grund von Fossilien (Mollusken) in das Obereozän eingestuft wurde. Die autochthone Entstehung ist nachgewiesen. Das limnische Becken umfaßt ein Gebiet von 280 km², wovon eine Fläche von rund 50 km² bauwürdig ist. Der hohe Inkohlungsgrad dieser Braunkohle wird auf biochemische Einwirkungen sowie tektonische Einflüsse zurückgeführt, obwohl die Flöze nur schwach gefaltet sind. Auch die Temperaturerhöhung war entscheidend, da das Becken mit einer etwa 600 m mächtigen Sedimentdecke überzogen war.

Das kohleführende Gebiet streicht etwa E—W. Im SW sind 4 Flöze ausgebildet, von denen 3 im Tiefbau (Bruchbau) in einer Teufe von 350 m abgebaut werden. Im Osten der Lagerstätte vereinigen sich die Flöze, so daß eine Kohlenmächtigkeit von 20 m auftritt. Der Abbau erfolgt hier im Tagebau bis zu einem A:K-Verhältnis von 3:1. Das Deckgebirge (meist tonige Mergel) erreicht stellenweise Mächtigkeiten von 110 m.

Die Kohle von Dimitrowo hat einen Aschegehalt von 5—50% (wf) und einen Schwefelgehalt von 1—2%. Der Rohkohlenwassergehalt liegt bei etwa 15%. Der Bitumengehalt ist sehr gering. Der Heizwert, bezogen auf die reine Substanz, liegt bei 6700 bis 7300 kcal/kg; sinkt jedoch bei 35% Asche- und 15% Wassergehalt auf 3500 kcal/kg.

In Dimitrowo werden täglich etwa 23000 t Kohle gefördert.

-ul-

Braunkohle in Korea

Die Braunkohle der Halbinsel Korea ist bisher noch wenig erkundet. Sie wird nur in kleinen Gruben gewonnen, die in den Gebieten von Kyongju und Ulsan an der Südostküste Koreas liegen. Die Kohlen werden in der näheren Umgebung ihrer Gewinnung für den Hausbrand verwendet. Die im Tagebau gewonnenen Flöze weisen eine Mächtigkeit von 1 bis 4 m auf. Sie liegen hauptsächlich unter Reisfeldern und können daher nur außerhalb der Erntezeit und wegen des starken Frostes nur während der warmen Jahreszeit abgebaut werden. Wegen der Bewässerungsmaßnahmen der Reiskulturen muß die Grube nach dem Auskohlen bis zur früheren Oberfläche wieder aufgefüllt und mit kulturfähigem Boden überzogen werden. Bei Setzungen des Bodens muß wiederholt eine Aufschüttung erfolgen. Durch einen Großtagebau könnten diese Schwierigkeiten verringert werden, wobei die Wiedergewinnung landschaftlicher Nutzflächen mit Hilfe von Maschinen geschehen könnte.

E. Siegmund

Untertägige Kohlevergasung in Westsibirien

In Westsibirien wird in den nächsten Jahren das größte Werk der Welt zur untertägigen Vergasung von Kohle errichtet werden. Die erzeugte Gasmenge wird der von 1 Mio t Steinkohle entsprechen. Die zu vergasenden Flöze liegen in einer Teufe von etwa 300 m. Die Mächtigkeit der Flöze beträgt bis zu 6 m. Die Ausrichtung des Vorkommens geschieht ausschließlich durch Bohrungen.

Klarner

Erze

Aus der chinesischen Stahlproduktion

In der „Wirtschaft" Nr. 11 v. 17. 3. 1960 berichtet Prof. Küntscher, Leiter des Eisen-Forschungsinstituts Hennigsdorf, über seine Eindrücke von der örtlichen Hüttenindustrie in China.

Unter anderem führt er aus:

„Neben dem absoluten Aufschwung der metallurgischen Produktion beeindruckt vor allem die Tatsache, daß das ehemals rückständige Land gegenwärtig schon etwa 500 Stahlsorten erzeugen kann. Das ist immerhin ein Sortiment, das vielen Ansprüchen genügt. Das Tempo dieser Entwicklung findet in der internationalen Arena keinen Vergleich und spricht für sich.

In welchem Umfang Chinas Beispiel nicht nur im ostasiatischen Raum, sondern generell bei schwachentwickelten Staaten lebhaftes Interesse hervorruft, zeigt sich u. a. auch in den Besuchen von Expertengruppen. Während meines Chinaaufenthaltes war zum Beispiel eine indische Studiendelegation anwesend, und eine burmesische Abordnung bereiste erst kürzlich das Nachbarland, um sich mit seiner Entwicklung auf diesem Gebiet vertraut zu machen.

Was die örtliche Gewinnung von Eisen und Stahl anbetrifft, die Methode, nach der sich China unglaublich schnell eine über das ganze Land verbreitete metallurgische Basis schuf, so soll es hier und dort bereits zu Nachahmungen angeregt haben. Allerdings dürfte sich dieser ‚große Sprung' ohne die Initiative der Volksmassen, wie sie nur unter sozialistischen Verhältnissen möglich ist, kaum kopieren lassen."

Die Goldgewinnung der Südafrikanischen Union

In den Jahren 1884—1895, d. h. im Zeitraum von 12 Jahren, wurden in der Südafrikanischen Union insgesamt 247151,7 kg Gold gewonnen, davon 90% im Gebiet des Witwatersrandes. Von 1896—1907 stieg die Goldgewinnung auf insgesamt 1195888,3 kg, d. h., die Produktion wurde im selben Zeitraum nahezu verfünffacht. Der Anteil des Witwatersrandgebietes an der Goldgewinnung stieg in diesem Zeitraum um weitere 5%. In den Jahren 1908—1918 wurden 2869628,1 kg und in den Jahren 1919—1929 rund 3134693,4 kg Gold gewonnen. Seit 1930 bis Ende 1958 wurden insgesamt 11356196,1 kg Gold in Südafrika produziert.

Die gesamte Produktion aus diesem Gebiet beträgt etwa 18804 t Gold in 75 Jahren, das sind jährlich etwa 250 t.

Aus der graphischen Darstellung ist die Goldgewinnung in den einzelnen Jahren ersichtlich:

Annual Report, 31. 12. 1955, hrsg. v. Department of Mines, Pretoria, Dez. 1957.

Minerals, Okt. bis Dez. 1958, hrsg. v. Department of Mines, Pretoria 1959.

Quarterly Bulletin of Statistics, hrsg. von der South African Reserve Bank, Nr. 51 (1959), Pretoria.

H. Ulbrich

Salze, Steine, Erden

Westdeutsches Kalisyndikat

Vom Bundeskartellamt wurde das Kalisyndikat, in dem alle kaliausführenden Konzerne Westdeutschlands zusammengeschlossen sind, zugelassen.

Nachdem in den letzten Jahren der Exportanteil der Kaliindustrie zwischen 40 und 45% des Gesamtabsatzes lag, will das Syndikat nunmehr gegen die Kaliabsatzmärkte der DDR, des Elsaß und Nordamerikas vorgehen. Die Kapazitätsausnutzung der westdeutschen Kaliindustrie lag bei einer Produktion von 1,7 Mill. t Kali zwischen 80 und 90%. Hauptabsatzgebiet im Inland ist Norddeutschland.

Für die Anwendung der Kalidüngung und für die Verfahrensforschung bestehen zwei Institute in Hannover, die vom Syndikat getragen werden. Die vier großen Kartellmitglieder tauschen untereinander ihre betrieblichen Verbesserungen aus, halten aber die Unterlagen über ihre Selbstkosten voreinander geheim.

E.

Kanadische Kalilager

Einem Beitrag der „Bergbautechnik", Jg. 10 (1960), S. 145—146, entnehmen wir über den gegenwärtigen Stand der kanadischen Kaligewinnung:

„Die Kalisalze liegen in dem Prärie-Salinar des Mitteldevon, das nirgends zutage ausgeht. Das Salinar erreicht eine Mächtigkeit von 180 m. Stellenweise ist es allerdings der Auslaugung zum Opfer gefallen. Das Sylvinitlager hat im allgemeinen günstige K_2O-Gehalte. Bei Mächtigkeiten über 1,5 m enthält es größtenteils bis 15%, stellenweise auch 15 bis 25% K_2O und darüber. Es zieht sich in WNW-Richtung quer durch die Provinz Saskatchewan über eine Länge von 560 km hin, wobei die Breite zwischen 80 und 300 km schwankt. Das Kalilager liegt in Teufen von 900 bis 2500 m."

Die Vorräte werden auf $5{,}8 \cdot 10^9$ t gewinnbares K_2O berechnet. Die Kanadier sind der Ansicht, die reichsten und ausgedehntesten Kalilagerstätten der Welt zu besitzen.

E.

Anhydrit-Schwefelsäurewerk Coswig

Im Juni 1960 war die erste Ausbaustufe des auf Anhydritbasis arbeitenden Schwefelsäurewerkes Coswig beendet, das zunächst eine Jahresproduktion von 100000 t Schwefelsäure zuläßt. Ab Mitte 1961 wird die zweite Ausbaustufe eine Verdoppelung der Produktion ergeben, die dann bis 1965 auf über 1 Mill. jato gesteigert werden wird. 1959 betrug die Schwefelsäureherstellung der DDR 562000 t. In Westdeutschland wurden 1958 etwa 2,38 Mill. t Schwefelsäure gewonnen.

E.

Bohrtechnik

Bohrkosten in den USA

Die Independent Petroleum Association of America hat in einer Veröffentlichung bekanntgegeben, daß sich 1956 die durchschnittlichen Bohrkosten in den USA bei fündigen Sonden auf 55600 $ je Bohrung bzw. 13,64 $ je Fuß und bei

Fehlbohrungen auf 41600 $ bzw. 10,26 $ je Fuß beliefen. Mit zunehmender Teufe sind die Ausgaben entsprechend höher. Die durchschnittlichen Kosten je Fuß für Produktionsbohrungen zwischen 5000 und 7500 Fuß lagen bei 12,57 $ und für Bohrungen, deren Teufe 15000 Fuß überschritt, bei etwa 50 $.

Die Kosten für Offshore-Bohrungen wurden für 1956 auf durchschnittlich je 415000 $, die Kosten für Landbohrungen nur auf 47100 $ je Bohrung berechnet. E.

Sonstiges

Endgültige Auszeichnungsordnung für den Kurt-Pietzsch-Preis

Mit Wirkung vom 11. 2. 1960 erhielt die Auszeichnungsordnung für den Kurt-Pietzsch-Preis vom 11. 3. 1959, veröffentlicht in unserer Zeitschrift Bd. 5 (1959), H. 8, S. 372, ihre endgültige Fassung. Danach bleiben § 1 und die ersten drei Abschnitte des § 2 in ihrer ursprünglichen Formulierung erhalten. Abschnitt 4 erhält folgende Fassung:

Beim Zentralen Geologischen Dienst wird ein Auszeichnungsausschuß gebildet, der zu überprüfen hat, ob die Voraussetzungen für die Verleihung gegeben sind. Diesem Ausschuß gehören an:

a) als Vorsitzender der Direktor des ZGD bzw. sein Vertreter,
b) der Leiter der Abt. Geologische Dienste bzw. sein Vertreter,
c) der Leiter der Abt. Lagerstättenerkundung bzw. sein Vertreter,
d) der Leiter der Abt. Kartierung bzw. sein Vertreter,
e) der Leiter der Abt. Forschung bzw. sein Vertreter,
f) der Leiter bzw. Chefgeologe der antragstellenden Dienststelle.

Der letzte Abschnitt des § 2 entfällt.

Der erste Abschnitt des § 3 erhält folgende Formulierung:

Der Direktor des Zentralen Geologischen Dienstes nimmt am 11. 3. jeden Jahres die Auszeichnung vor. Sie ist mit der Überreichung einer Urkunde verbunden, die vom Direktor des Zentralen Geologischen Dienstes unterschrieben ist.

§ 4 und § 5 werden zu § 4 zusammengefaßt. § 4 erhält folgende Fassung:

Der Kurt-Pietzsch-Preis wird jährlich für drei Arbeiten auf dem Gebiet der
Lagerstättenerkundung,
Kartierung und der
Paläontologie und Stratigraphie
verliehen.
Hierfür werden insgesamt 6000,– DM als Prämien zur Verfügung gestellt.

Verleihung des Kurt-Pietzsch-Preises 1960

Am 11. 3. 1960 verlieh der Direktor des Zentralen Geologischen Dienstes, Dipl.-Berging. Geol. F. STAMMBERGER, in Anwesenheit des Seniors der geologischen Wissenschaften der Deutschen Demokratischen Republik, Prof. Dr. K. PIETZSCH, und verantwortlicher Mitarbeiter des Zentralen Geologischen Dienstes, der Geologischen Dienste und der SDAG Wismut erstmalig den innerbetrieblichen Kurt-Pietzsch-Preis für hervorragende, die Wissenschaft und Volkswirtschaft der DDR fördernde Arbeiten.

Den Kurt-Pietzsch-Preis für Lagerstättenforschung erhielt Dr. GÜNTER SCHULZE, Leiter des Geologischen Dienstes Halle, für seine Arbeit „Die stratigraphische und genetische Deutung der Bromverteilung in den mitteldeutschen Steinsalzlagern des Zechsteins".

Mit dem Kurt-Pietzsch-Preis für Kartierung wurde das aus den Kollegen Dipl.-Geol. KLAUS HOTH, Dipl.-Geol. WINFRIED LORENZ und Ing.-Kartograph KARL DÖGEL bestehende Kollektiv des Geologischen Dienstes Freiberg für die Arbeiten an der geologischen Übersichtskarte „Blatt Plauen — Karlovy-Vary" ausgezeichnet.

Jubiläumstagung der Geologischen Vereinigung

Vom 12. 3. bis 14. 3. 1960 fand in Würzburg die Jubiläumstagung zum 50jährigen Bestehen der Geologischen Vereinigung statt. Thema war das Orogen, sein stofflicher Aufbau, seine Entwicklung und sein Gefüge. An der Veranstaltung nahmen Wissenschaftler aus mehr als einem Dutzend Länder teil. Der Schweizer Forscher TRÜMPY sprach über den Werdegang der alpidischen Geosynklinale bis zur Hauptfaltung und unterschied 4 Phasen der Entwicklung:

1. Auffüllung postorogener Grabensenken.
2. Einsenkung von Trögen längs normaler Verwerfungen (1. Geosynklinalstadium).
3. Eine Zwischenphase geringerer tektonischer Aktivität, gegen deren Ende die Förderung der Ophiolithe stattfindet und
4. das Flyschstadium, das vor der Hauptfaltung endet.

Mehrere Vorträge beschäftigten sich mit den Vorgängen während der Hauptfaltung in verschiedenen tektonischen Niveaus des Orogens.

PANNEKOEK, WINKLER VON HERMADEN u. a. beschäftigten sich in ihren Vorträgen mit der spätorogenen Tektonik. Geophysikalische Beiträge lieferten EGYED, HIERSEMANN und REICH. KAEMMEL

Panafrikanischer Kongreß für Prähistorie und Quartärstudien

Auf dem IV. Panafrikanischen Kongreß für Prähistorie, der 1959 in Leopoldville stattgefunden hat, wurde beschlossen, den Namen zu ändern, um die Quartärgeologie besonders zu betonen. Neue Forschungen in Uganda, Tanganjika und Ruanda-Urundi haben nämlich gezeigt, daß bei früheren Bearbeitungen des Quartärs in Ostafrika die tektonischen Bewegungen und Faltungen unterschätzt wurden. Deshalb bedarf die Frage der Pluviale und Interpluviale einer Überprüfung.

CLARK brachte eine Zusammenstellung aller bisher in Afrika südlich der Sahara durchgeführten C_{14}-Datierungen, die vom späten Acheul bis zur protohistorischen Zeit reichten. Für das Quartär im unteren Kongo wurde eine weitgehende Übereinstimmung zwischen den geologischen und prähistorischen Ergebnissen festgestellt. Auf dem Kongreß wurde von einem neuen, von LEAKEY entdeckten Urmenschenfund berichtet, der aus Schicht I von Oldoway (obere Hälfte des Unteren Pleistozäns) stammt und Zinjanthropus Boisei L. benannt wurde.

Der nächste Kongreß findet 1963 in Teneriffa mit Exkursionen nach Marokko statt. E.

Europäische Hüttenwerke am Meer

Die langjährigen Vorteile der Standorte der Hüttenwerke in den Kohlenrevieren (z. B. Ruhrgebiet, Belgien) oder in den Erzrevieren (z. B. Niedersachsen, Lothringen) sind im Schwinden begriffen. Um das Transportproblem günstiger zu lösen — 1 t Rohstahl erfordert den Transport von 3 t Kohle, Koks, Erz, Schrott, Kalk u. a. —, werden Neubauten an die Meeresküsten verlegt. Seit längerem wird in Lübeck Roheisen erschmolzen. 1957 begann die Klöckner-Hütte in Bremen zu produzieren. Ihr Ausstoß soll auf 750000 t Rohstahl gebracht werden. Die Holländer sind dabei, auf der Insel Rozenburg im Rotterdamer Europahafen eine zweite Hütte (die ältere in Ijmuiden) zu bauen, die zu den rentabelsten Anlagen der Montanunion zählen wird. Die Produktion soll nach völligem Ausbau 3 Mio jato Rohstahl erreichen. Die neue französische Hütte in Dünkirchen wird 1962 jährlich 500000 t Rohstahl erzeugen. Für den Endausbau ist eine Produktion von 2 Mio jato projektiert. Vorwiegend sollen mauretanische Eisenerze verhüttet werden. In Algerien ist der Bau eines Hüttenwerkes in Bône geplant, das auf Erdgasbasis arbeiten und zunächst 500000 jato produzieren wird. Die Italiener wollen in der Nähe von Palermo (Sizilien) ihr viertes Hüttenwerk am Meer errichten (200000 jato). Der Schwerpunkt der italienischen Stahlindustrie liegt in Cornigliano bei Genua, wo bereits ein Sechstel des im Lande erzeugten Stahles hergestellt wird. Es ist dort ein dritter Hochofen mit einem Gestelldurchmesser von 8,50 m im Bau. Ende 1961 soll die Rohstahlkapazität 2 Mio t erreichen. Die Werke in Piombo bei Livorno und in Bagnolie bei Neapel werden erweitert, so daß die Rohstahlkapazität Italiens, die z. Z. 8 Mio jato beträgt, bis Ende 1965 auf 12 Mio erhöht werden kann. L.

Schmelzrekorde in China

In dem Changwei-Bezirk der Schantung-Provinz stehen 85 kleine Hochöfen von 3—55 m^3 Volumeninhalt in Produktion. Ihr durchschnittliches Ausbringen beträgt etwa 2 tato Roheisen je m^3 des Ofenvolumens.

Ende März 1960 erreichte ein 3-m^3-Ofen in der Chinghai-Provinz (Nordwest-China) bereits einen Ausstoß von 10,785 tato Roheisen. Dieser kleine Ofen brachte je m^3 etwa 8—9mal soviel Roheisen aus wie moderne und große Hochöfen der USA, deren Nutzeffekt bei 1,0—1,3 tato Roheisen je m^3 liegt. Durch Einblasen größerer vorgewärmter Luftmengen konnte die bisherige Schmelzdauer auf $^1/_3$ reduziert werden. Im März 1960 lag der Durchschnitt aller 3-m^3-Öfen der Provinz Chinghai bei 3,778 tato Roheisen.

Im Loschan-Eisen- und Stahlwerk (Prov. Szetschuan) erreichten die kleinen Hochöfen eine Tagesproduktion von 2,6 t Roheisen je m^3 nutzbaren Volumens. Mehr als 3 tato Roheisen brachten die kleinen Hochöfen der Eisenwerke des Schantunger Volksrates (Ost-China) aus; 2,137 tato konnten in Sinsiang (Zentral-China) und etwa 1,69 tato in dem Shuscheng-Eisen- und Stahlwerk (Provinz Kweitschou, Südwest-China) über Monate hinaus erzielt werden. E.

Verfahren zur Wiedergabe von Magnetton-Seismogrammen

Bei der bisher üblichen Wiedergabe dieser Seismogramme ergaben sich in der Praxis bei der Regelung erhebliche Schwierigkeiten. Da die Intensitäten eines Schusses und der von bodenfernen Schichten erfolgenden Reflexionen sich um einige Größenordnungen in ihrer Intensität unterscheiden, muß neben einer vollautomatischen Regelung des Verstärkungsgrades eines Verstärkers auch noch eine sogenannte „Vorsatzregelung" vorgesehen werden, die im wesentlichen nur im Augenblick des Schusses wirksam ist und anschließend nach einem bestimmten Gesetz schwächer wird. Diese automatische Regelung soll einmal sehr schnell ansprechen, andererseits auch wieder nach einer bestimmten Zeit so weit abgeklungen sein, daß kein sogenanntes Zustopfen des Verstärkers eintritt, das die seismische Registrierung unterbricht. Alle diese Forderungen lassen sich normalerweise nicht miteinander in Einklang bringen, sondern man ist gezwungen, gewisse Kompromisse zu schließen, die sich aber bei besonderen Meßaufgaben als nachteilig auswirken. Der Erfinder des neuen Verfahrens (Dr. P. VETTERLEIN, Wenneboster) schlägt deshalb vor, zur Abtastung den magnetischen Aufzeichnungsträger mit der gleichen Geschwindigkeit wie bei der Aufnahme, jedoch mit umgekehrter Richtung, an der Abtastvorrichtung vorbeizuführen. Die Magnetogramme werden also „rückwärts" abgespielt. Es erscheinen also zuerst die Ausläufer der auf Reflexionen folgenden Teile, dann die eigentlichen Reflexionen, dann die Ausläufer der vom Schuß auf die Geophone unmittelbar wirkenden Schallwellen und schließlich die durch den Schuß unmittelbar ausgelösten Schallwellen, d. h. der sogenannten „ersten Einsätze". Hierdurch haben die Regeleinrichtungen der Verstärker genügend Zeit, sich langsam auf die großen Amplituden einer starken Reflexion bzw. der unmittelbar von der Explosion herrührenden Schallwellen vorzubereiten. Die starken Amplituden werden dann zwar mit heruntergeregeltem Verstärker abgespielt; die zeitlich nach den starken Amplituden liegenden Ereignisse liegen jedoch beim Abspielen zeitlich vor den starken Amplituden und sind in ihrer Darstellung durch die starken Amplituden und deren Wirkungen auf die Regelcharakteristik der Verstärker unbeeinflußt. Man kann durch dieses Verfahren ohne weiteres die sogenannte Vorsatzreglung entbehren, da durch die vom Schuß unmittelbar ausgehenden, sehr starken Schallwellen zwar die Verstärker zugestopft werden, jedoch diese Zustopfung in Bereichen erfolgt, die für die Auswertung uninteressant sind, da sie in Wirklichkeit dem eigentlichen Schuß und dessen unmittelbaren Schallwellen vorausgehen.

Die praktische Durchführung des neuen Verfahrens ist außerordentlich einfach. Es muß nur dafür Sorge getragen werden, daß der Motor elektrisch umgesteuert werden kann. Man kann aber auch den Tonträger um 180° verschoben „rückwärts" abspielen. Schließlich muß noch dafür Sorge getragen werden, daß durch entsprechende Vielfachschalter oder Vielfachstecker die Spuren von vielspurigen Magnetogrammen vertauscht werden können. FRIEDEMANN

FANSELAUsche Feldwaagen

Die im geophysikalischen Gerätebau Brieselang gebauten und im Observatorium Niemegk justierten Feldwaagen werden in 14 Ländern (darunter China, Sowjetunion, Frankreich, Schweden, Australien, Ägypten und Tunis) zur Erkundung nutzbarer Lagerstätten ausgewertet. Kürzlich hat das tausendste Gerät den Prüfstand verlassen. Die Waage wurde 1948 vom Direktor des geomagnetischen Instituts Potsdam-Niemegk, Prof. Dr. G. FANSELAU, entwickelt. E.

Kurznachrichten

Die **westdeutsche Erdölförderung** erreichte 1959 ca. 5,1 Mill. t und lag damit um 670000 t oder 15,2% über der Gewinnung im Vorjahr. In Bayern war die stärkste Steigerung mit 85% zu verzeichnen.

Wintershall, Elwerath, Deilmann und Preussag, die über 4/5 der **deutschen Erdgas**gewinnung kontrollieren, haben eine Erdgasverkaufsgesellschaft mit Sitz in Münster gegründet.

Eine zweite **Erdgas**leitung von 12″ Durchmesser mit einer täglichen Kapazität von 2 Mill. Nm³ wird vom Emsland zur Steinkohlendruckvergasungsanlage der Ruhrgas AG in Dorsten verlegt. Sie soll im März 1961 in Betrieb genommen werden.

Westdeutsche Geologen werden die Kattara-Senke im Westen **Ägyptens** auf **Erdöl**höffigkeit untersuchen.

Die vereinigten Elektrizitätswerke **Westfalens** haben sich die Lieferung größerer **Erdgas**mengen aus der Sahara in Anlehnung an eine französische Gesellschaft gesichert.

Die **Rohölgewinnung Jugoslawiens** erreichte 1959 fast 600000 t. Man rechnet für das laufende Jahr mit einer Steigerung auf 900000 t. 1962 soll der gesamte einheimische Bedarf gedeckt werden.

Die Bohrung Rembo Kotto 1, die etwa 70 km von der Atlantikküste südlich des Ogooueflusses **Gabun** niedergebracht wurde, eruptierte bei Förderversuchen 50 tato **Rohöl** aus 60 m Tiefe.

Die **indische** Regierung hat den Bau einer 1140 km langen **Rohölfernleitung** durch die Provinz Assam beschlossen.

Die **westdeutsche Steinkohlenförderung** betrug 1959 ca. 142 Mio t (einschließlich Saarland) gegenüber etwa 149 t im Vorjahr. Die Zahl der Beschäftigten ging im gleichen Zeitraum von 530841 auf 477963 zurück.

Im **Grusien** begannen die ersten zwei Gruben in dem neuen **Kokskohlen**revier Schaori mit der Förderung. Die Vorräte betragen über 1 Mrd. t.

Die **westdeutsche Braunkohlenförderung** lag 1959 mit etwa 93,5 Mio t Rohkohle auf der Höhe des Vorjahres.

Im **belgischen Kohlenbecken** von Charleroi werden 8 Gruben mit einer Jahresproduktion von 750000 t geschlossen.

Die Rio Tinto Bergbaugesellschaft will vier ihrer **kanadischen Urangruben** schließen und 3300 Bergarbeiter entlassen.

Kanadas Uranoxydproduktion erreichte 1959 15909 t gegenüber 13537 t im Jahr 1958.

Schweden exportierte 1959 etwa 15,5 Mill. t **Eisenerze** gegenüber 14,8 Mill. t im Jahre 1958.

Das **türkische** Forschungsinstitut für Bergbau hat die **Eisenerzvorräte** der Türkei auf 65 Mill. t berechnet. Die Sucharbeiten sollen mittels Flugzeugen gesteigert werden.

In **Bulgarien** wird die 1959 in Betrieb genommene **Flotations**anlage im Jahre 1960 ihre Verarbeitungskapazität von Kupfer- und Eisenerzen von 350 t auf rd. 1000 t innerhalb von 24 Stunden steigern.

Griechenland wird 450000 t **Bauxit** in die Sowjetunion liefern und dafür 8000 t Hüttenaluminium erhalten.

Das amerikanische Institut für Edelsteinforschung hat in einem Gutachten festgestellt, daß die 1959 100 km östlich von **Bulawayo** gefundenen **Smaragde** von „ausgezeichneter Qualität und unerreichter Farbenschönheit" sind.

Nach einem Bericht der Banco do Brasil liefert **Brasilien** 26% des Weltverbrauchs an **Beryll**, Südrhodesien 19%, Argentinien 16% und die USA 8%.

Die zwei **tektonischen Erdbeben** vom 1. 3. 1960 zerstörten 90% des Moslemviertels, 2/3 der Neustadt und über 1/3 der Industrieanlagen von **Agadir** (50000 Einwohner, davon 12000 Europäer).

Ab 1. 1. 1961 wird auf Grund eines Parlamentsbeschlusses in **Pakistan** das **Dezimalsystem** an Stelle der bisher verwendeten britischen Maß- und Gewichtseinheiten eingeführt.

Herausgeber: Staatliche Geologische Kommission und Zentrale Vorratskommission für mineralische Rohstoffe der Deutschen Demokratischen Republik. Chefredakteur: Prof. Dr. Erich Lange, Berlin. Redaktion: Berlin N 4, Invalidenstraße 44. Verlag: Akademie-Verlag GmbH, Berlin W 1, Leipziger Straße 3–4 (Fernsprecher 220441, Postscheckkonto: Berlin 35021). Bestellnummer des Heftes 1047/6/8. Die „Zeitschrift für angewandte Geologie" erscheint monatlich. Bezugspreis 2,— DM je Heft. — Satz und Druck: Druckhaus „Maxim Gorki", Altenburg. Veröffentlicht unter der Lizenznummer ZLN 5008 des Ministeriums für Kultur, Hauptverwaltung Verlagswesen. Karten: MdI der DDR Nr. 5722, 5787/K 11.
Printed in Germany

ROW Rathenow

MINOSECAR FR-Z

zum Trennen von Gesteinen bis 85 mm ∅ in jeder gewünschten Schnittebene sowie in parallele und dünne Scheiben. Größte abzutrennende Länge etwa 80 mm. Stücke bis 170 mm Länge einspannbar.

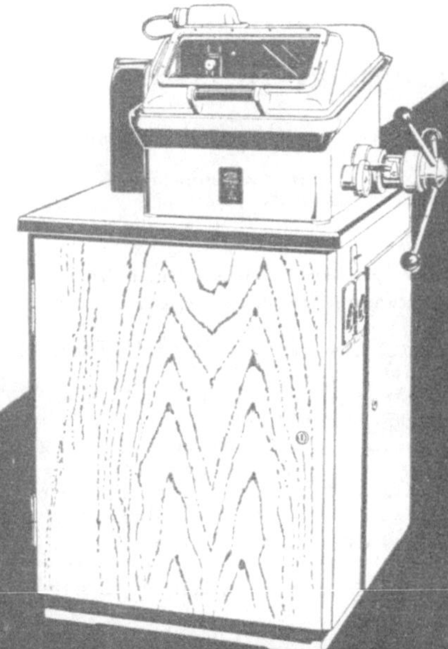

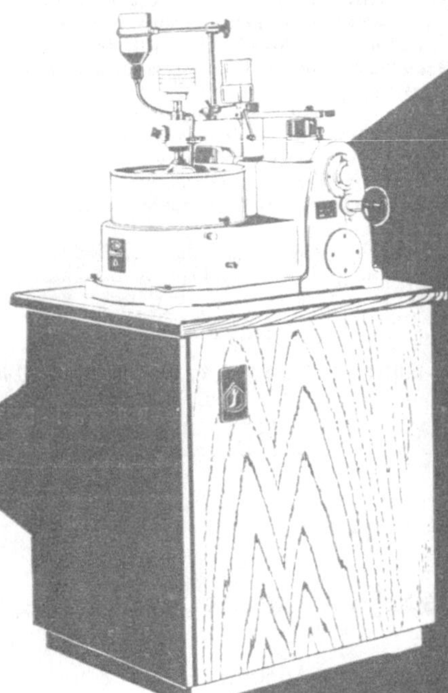

NEOSUPAN FR-X

zur mechanischen Herstellung von etwa 15 mineralogischen Dünnschliffen bis etwa 25 μm Dicke, so daß zeitraubende Handarbeit nahezu gänzlich entfällt.

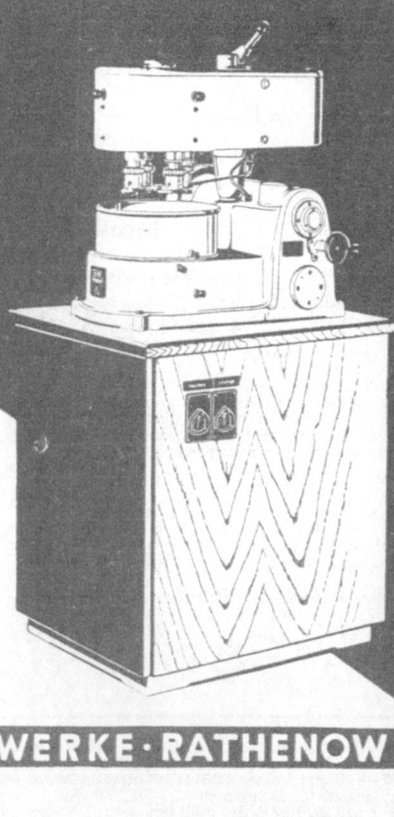

NEOSUPAN FR-Y

zur mechanischen Herstellung von sehr relieformen Anschliffen. Entweder 8 Proben in Ringen 35 mm ∅ oder 4 Proben in Ringen 100 mm ∅ lassen sich gleichzeitig bearbeiten.

Exportinformationen:
WMW-Export, Berlin W 8, Mohrenstraße 61
Deutsche Demokratische Republik

VEB RATHENOWER OPTISCHE WERKE · RATHENOW